本书配有教师课件例题源代码、习题答案

普通高等教育应用型人才培养系列教材

C语言程序设计

主　编　胡成松　黄玉兰　李文红

副主编　卢云霞　葛　蓁　王　微

参　编　崔欢欢　顿煜卿　肖丹丹　邹　静

主　审　孙宝林

机械工业出版社

本书包含C语言概述，数据类型、运算符和表达式，简单程序设计，选择结构程序设计，循环结构程序设计，数组，函数，指针，结构体、共用体与枚举，文件等共10章内容。全书内容以案例“学生信息管理系统”贯穿，旨在帮助学生掌握完整的课程脉络，并将该案例涉及的知识点分解到各个章节。每章通过案例和问题引入知识点，重点讲解程序设计的思想和方法，并介绍相关的语法知识，注重培养学生分析问题和解决问题的能力，每章末尾给出了该案例的具体实现参考程序代码。

本书可供普通高等院校学生学习“C语言程序设计”课程时作为教材使用。

本书配有电子课件、例题源代码、习题答案，欢迎选用本书作教材的老师登录 www.cmpedu.com 注册下载，或发 jinacmp@vip.163.com 索取。

图书在版编目（CIP）数据

C语言程序设计/胡成松，黄玉兰，李文红主编．—北京：机械工业出版社，2015.8（2023.6重印）

普通高等教育应用型人才培养系列教材

ISBN 978-7-111-50465-8

Ⅰ.①C… Ⅱ.①胡…②黄…③李… Ⅲ.①C语言—程序设计—高等学校—教材 Ⅳ.①TP312

中国版本图书馆CIP数据核字（2015）第138583号

机械工业出版社（北京市百万庄大街22号 邮政编码100037）
策划编辑：吉 玲 责任编辑：吉 玲
责任校对：刘怡丹 封面设计：张 静
责任印制：单爱军
北京虎彩文化传播有限公司印刷
2023年6月第1版第9次印刷
184mm×260mm · 15.75印张 · 390千字
标准书号：ISBN 978-7-111-50465-8
定价：34.00元

电话服务 网络服务
客服电话：010-88361066 机 工 官 网：www.cmpbook.com
010-88379833 机 工 官 博：weibo.com/cmp1952
010-68326294 金 书 网：www.golden-book.com
封底无防伪标均为盗版 机工教育服务网：www.cmpedu.com

前言

随着社会快速进入信息化时代，软件毫无疑问地变得越来越重要，而程序设计的能力极大地支配着软件开发的效果和效率，因此具备一定的程序设计能力已经是对当代相关专业大学生最基本的要求之一。

C语言是世界上最流行、使用范围最广的程序设计语言之一，它具有其他语言所没有的特点和优势，它经常被学生选择作为第一门编程语言来学习。掌握该语言的好坏程度决定了学生日后在程序开发领域所能达到的高度。

本书根据作者多年的教学经验和教学改革成果编写而成，以案例“学生信息管理系统”进行贯穿，旨在帮助学生掌握完整的课程脉络，并将该案例涉及的知识点分解到各个章节，每章通过案例和问题引入知识点，重点讲解程序设计的思想和方法，并介绍相关的语法知识。本书注重培养学生分析和解决程序设计问题的能力，每章末尾给出了该案例的具体实现参考程序代码。本书讲述力求理论联系实际、循序渐进，通过大量例题来验证语法和说明程序设计方法，学生既能迅速掌握C语言的基础知识，又能很快地学会C语言的编程技术，以培养解决实际问题的能力。

本书中的程序都是在Visual C++6.0编译环境下调试运行的，读者可以选用该编译环境作为学习本教材的开发工具。

本书由武汉工商学院胡成松、葛蓁、肖丹丹，武昌工学院黄玉兰、李文红、卢云霞、邹静，华中农业大学楚天学院王微、崔欢欢、顿煜卿编写，由胡成松、黄玉兰、李文红对稿件进行审查整理，由胡成松统稿，最后由孙宝林教授审稿并提出了宝贵的修改意见。

本书在编写过程中，得到了武汉工商学院、武昌工学院、华中农业大学楚天学院等学校领导的大力支持，在此一并表示感谢。另外，在本书编写过程中，编者参考了大量有关C语言程序设计的书籍和资料，在此对这些参考文献的作者表示感谢。

由于编者水平有限，不足之处在所难免，恳请广大读者批评指正。

编　者

目 录 Contents

第1章 C语言概述

学习要点

1. 了解C语言的发展特点
2. 掌握C程序的编辑、编译、连接和执行过程
3. 熟悉Visual C++ 6.0开发环境
4. 编译和调试C语言源程序时，能辨别常见的错误
5. 了解算法的概念及流程图概念

1.1 C语言概况

众所周知，所有的软件都是用计算机语言编写的，而C语言也是众多计算机语言中的一种。本章主要介绍C语言的发展历程、C语言的特点，以及相对于其他高级语言的优势。

1.1.1 C语言的发展

C语言是国际上流行的计算机高级程序设计语言之一。与其他高级语言相比，C语言的硬件控制能力和运算表达能力强，可移植性好，效率高（目标程序简洁，运行速度快），因此应用面非常广，许多大型软件都是用C语言编写的。

1960年，艾伦·佩利（Alan J. Perlis）在巴黎举行的一次全世界一流软件专家参加的讨论会上，发表了《算法语言Algol 60》报告，确定了程序设计语言Algol 60；1962年，艾伦·佩利又对Algol 60进行了修正；1963年，英国剑桥大学在Algol语言的基础上进行了改进，推出CPL语言；1967年，剑桥大学的马丁·理查德对CPL简化，产生了BCPL语言；1970年，美国贝尔实验室的肯·汤姆逊对BCPL语言进行了修改，取其名称的第一个字母提出了B语言；1972年，美国贝尔实验室的布朗·W·卡尼汉和丹尼斯·M·利奇在B语言基础上发展成C语言（取BCPL的第二个字母）；为了避免因各种C语言版本的差异导致的不一致情况，1988年美国国家标准研究所制定了ANSI标准，即形成了现在流行的C语言。自1972年投入使用之后，C语言成为UNIX和Linux操作系统的主要编程语言，是当今最为广泛使用的程序设计语言之一。

1.1.2 C语言的特点

C语言之所以迄今为止仍被人们普遍使用，不仅与它产生的环境和历史背景相关，关键在于它本身的优点，C语言具有以下优点。

1. 简单易学

C语言是现有程序设计语言中规模最小的语言之一。C语言一共有32个关键字，有9种控制语句，程序员书写自由，表达方式简洁，主要用大小写字母表示，使用一些简单的方法就可以构造出相当复杂的数据类型和程序结构。

2. 程序设计结构化，符合现代编程风格

C语言是以函数形式提供给用户的，这些函数可方便地被调用，并具有多种循环、条件语句控制程序流向，从而使程序完全结构化。

3. 表达方式灵活实用

利用C语言提供的多种运算符，可以组成各种表达式，还可采用多种方法来获得表达式的值，从而使用户在程序设计中具有更大的灵活性。C语言的语法规则不太严格，程序设计的自由度比较大，程序的书写格式自由灵活。程序主要用小写字母来编写，而小写字母是比较容易阅读的，这些充分体现了C语言灵活、方便和实用的特点。

4. 表达能力强

C语言具有丰富的数据类型，可以根据需要采用整型、实型、字符型、数组类型、指针类型、结构类型、联合类型、枚举类型等多种数据类型来实现各种复杂数据结构的运算。C语言还具有34种运算符，灵活使用各种运算符可以实现其他高级语言难以实现的运算。

5. 语言生成目标代码质量高

众所周知，相对汇编语言而言，很多高级语言生成代码的质量比较低。但是，针对同一问题用C语言编写的程序生成代码的效率仅比用汇编语言编写的程序低10%~20%。

6. 可移植性强

大家知道汇编语言因为依赖机器硬件，所以不可移植。一些高级语言，如FORTRAN等的编译程序也不可移植，它们从一种机器搬到另外一种机器，大多数都要根据国际标准进行重新编写，而C语言基本上不做修改就可以运行于各种型号的计算机和各种操作系统。

尽管C语言具有很多的优点，但和其他任何一种程序设计语言一样也有其自身的缺点，如不能自动检查数组的边界、各种运算符的优先级别太多、某些运算符具有多种用途。但总的来说，C语言的优点远远超过了它的缺点。经验表明，程序设计人员一旦学会使用C语言之后，就会对它爱不释手，使用起来得心应手是C语言迅速成为人们进行程序设计和软件开发语言的原因。

1.2 C语言程序的开发与运行

本节主要介绍C语言的开发过程，包含编辑、编译、连接、运行4个步骤，并对Visual C++ 6.0（简称VC）开发环境进行介绍。VC是微软公司出品的高级可视化计算机程序开发工具，界面友好，使用方便，可以识别C/C++程序，使用此环境进行程序设计十分方便。

1.2.1 C语言程序的开发过程

C语言采用编译方式将源程序转换为二进制的目标代码。一个完整的C语言程序的开发主要包括编辑、编译、连接和运行4个步骤。

1. 编辑

所谓编辑，主要包含以下几点：

1）利用C语言编译系统自带的编辑器将源程序逐个字符输入计算机内存。

2）编辑、修改源程序代码。

3）编辑好的代码保存在磁盘文件中。编辑的对象是源程序，它是以ASCII码的形式输入和存储的，不能被计算机所识别。

2. 编译

编译是将已经编辑好的源程序翻译成计算机能够识别的二进制目标代码，即将.c或者.cpp文件编译成.obj文件。在编译的过程中，要及时对源程序进行语法检查，如有报错，将会显示在屏幕上，此时需要重新进入编辑状态对源程序进行编辑、修改，直至准确无误为止。

3. 连接

连接是指将各个模块的二进制代码与系统标准模块进行连接、测试处理后，生成一个可供运行的可执行程序，即由.obj文件生成为.exe文件。

4. 运行

运行是将编译好的可执行文件运行。通过运行程序可以查看程序执行输出结果。图1-1所示为C语言编辑、编译、连接和运行的全过程。

开始
编辑
源程序.c/.cpp
编译
目标程序.obj
有无语法错误?
有
无
连接
库函数和其他目标程序
可执行程序.exe
运行
结果正确?
否
是
结束

图1-1　C语言开发过程

1.2.2　VC开发环境介绍

VC可以在“独立文件模式”和“项目管理模式”下使用。一般只有一个文件的时候，可以使用独立文件模式；如果是大型的程序，程序又由多个文件组成时，就用项目管理模式，在这种情况下，所有的源程序合在一起共同构成一个程序，在C++中称作一个“项目”。

当用户安装好VC后，通过“开始”→“所有程序”菜单，找到“Microsoft Visual C++6.0”单击进入即可，VC界面如图1-2所示。

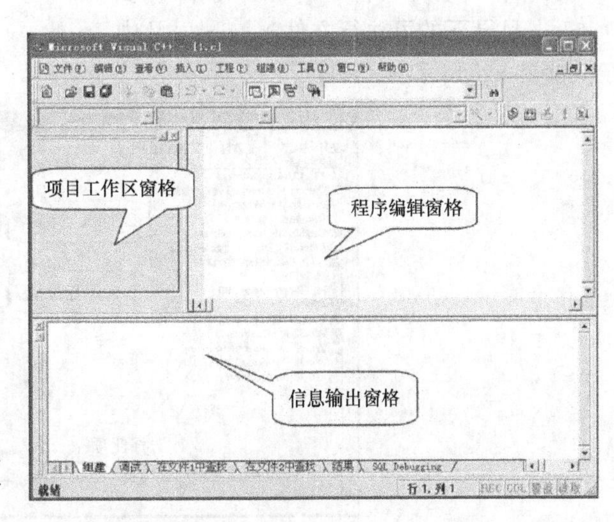

图1-2　Microsoft Visual C++6.0程序设计窗口

1. 创建源程序

（1）在“文件”模式下创建源程序，详细操作步骤如下。

1）打开 V C++，单击“文件”菜单，再单击“新建”命令，这时会出现一个新建框。

2）然后单击“C++ Source File”选项，再在右侧“文件名”的文本框中输入要创建的文件名称，文件类型为 . c 或 . cpp。

3）在右侧“位置”文本框中输入所要存放的文件的路径，以上步骤如图 1-3 所示。

4）然后单击“确定”按钮就进入了代码编辑界面，即可在程序编辑窗口中写入源程序，如图 1-4 所示。

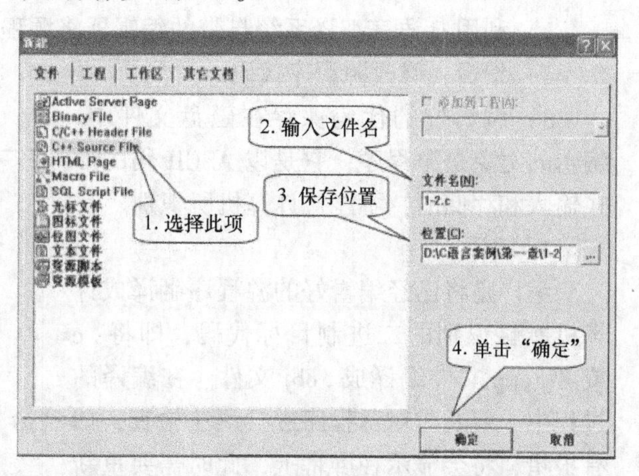

图 1-3　“新建”对话框的“文件”选项卡

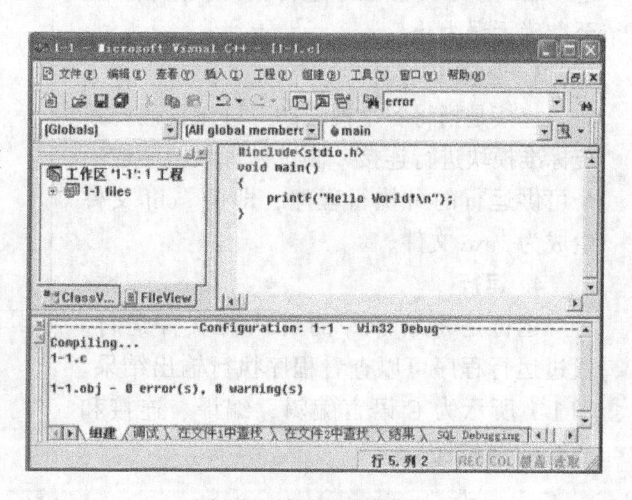

图 1-4　输入源程序代码

（2）在“工程”模式下创建源程序，详细操作步骤如下。

1）创建工作目录。建立一个用来存放源程序的文件夹，如“D：\ C 语言案例”。

2）创建工程项目。打开 V C++，单击“文件”菜单，再单击“新建”命令，选择“工程”选项卡，按图 1-5 所示的步骤进行操作。VC 是按照项目目录进行管理的，把与该项目相关的文件放在一个目录下，包括工程文件 * . dsp 和 * . dsw、程序源文件 * . c 和 * . cpp、在 debug 目录下的可执行文件 * . exe 以及中间文件 * . obj 和 * . ilk 等。

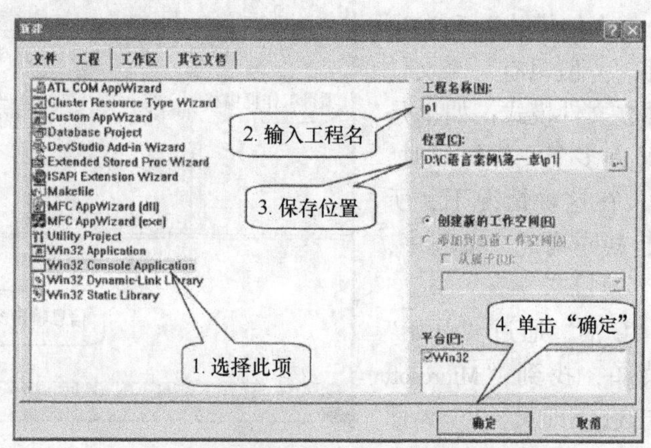

图 1-5　“新建”对话框的“工程”选项卡

3）选择要创建的程序类型，如“一个空工程”或是“一个简单的程序”，单击“完成”按钮，如图1-6、图1-7所示。

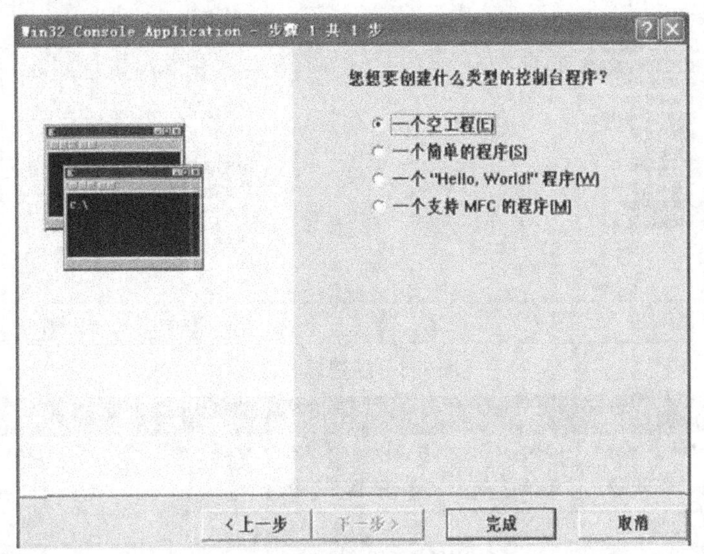

图1-6　控制台类型对话框

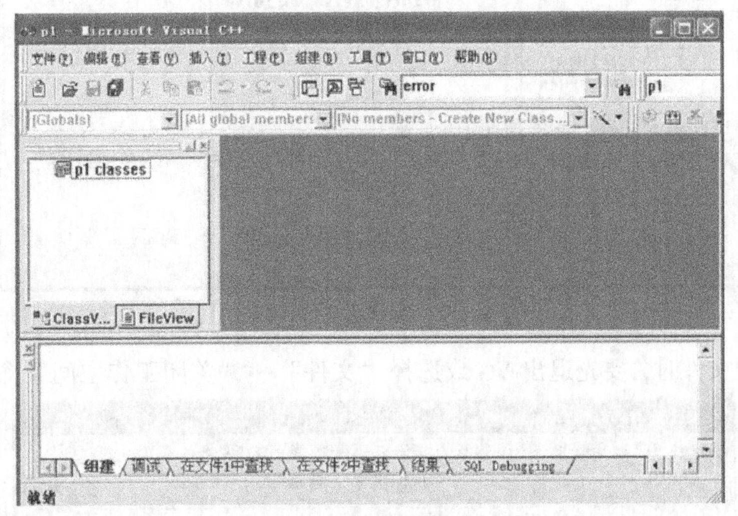

图1-7　新建工程

4）单击“文件”菜单，单击“新建”命令，选择“文件”选项卡下面的“C++ Source File”选项，在“文件名”文本框中，输入后缀为 . c 的文件名，在“位置”文本框中确认源文件的路径，并且务必让“添加到工程（A）:”前面的选项框被选中，如图1-8所示。

5）单击“确定”按钮以后，在窗口左边的工作区会看到两个选项卡：ClassView 和 FileView。一般默认为 ClassView，单击 FileView，才可以从 ClassView 切换到 FileView 选项卡。逐步单击工作区 p1 工程下面的“+”号，可以在 Source Files 目录下看到刚才新建的 1-1. c 源文件，这个时候可以在右边的程序编辑窗口中输入源代码，如图1-9所示。

注意：工作空间可以包含多个工程，工程又可以包含多个程序文件，工程与工程之间相互不影响，工作空间类似于文件夹，工程类似于文件夹中的文件。

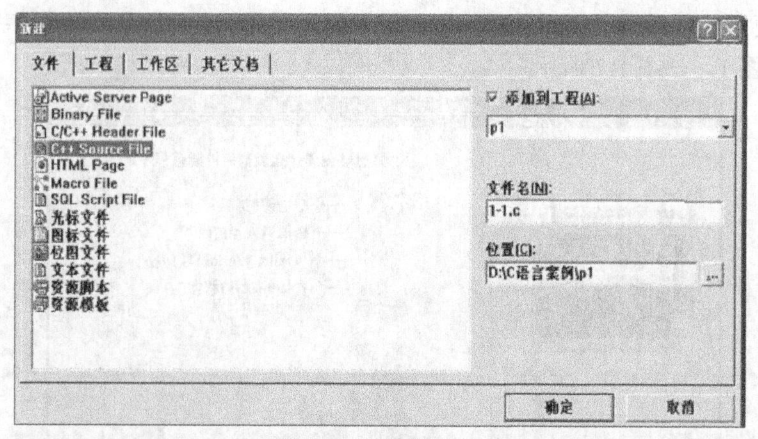

图 1-8　新建源文件

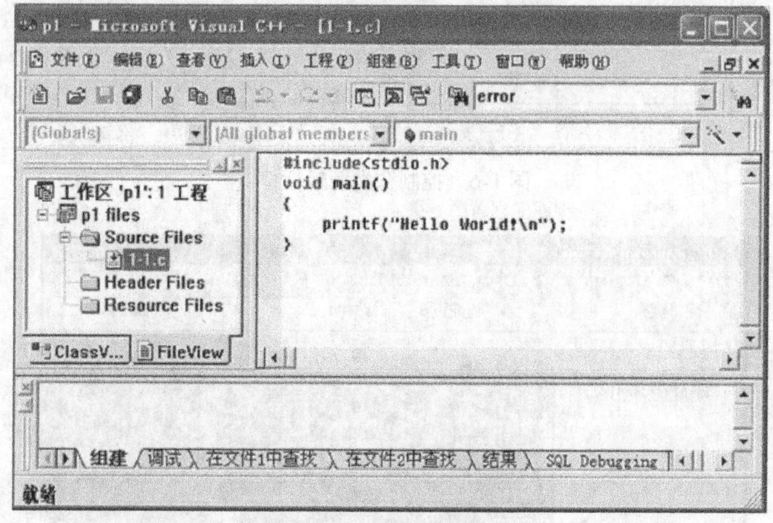

图 1-9　新建源文件代码

连续创建源文件时，要先退出 VC 或选择“文件”→“关闭工作空间”命令，如图 1-10

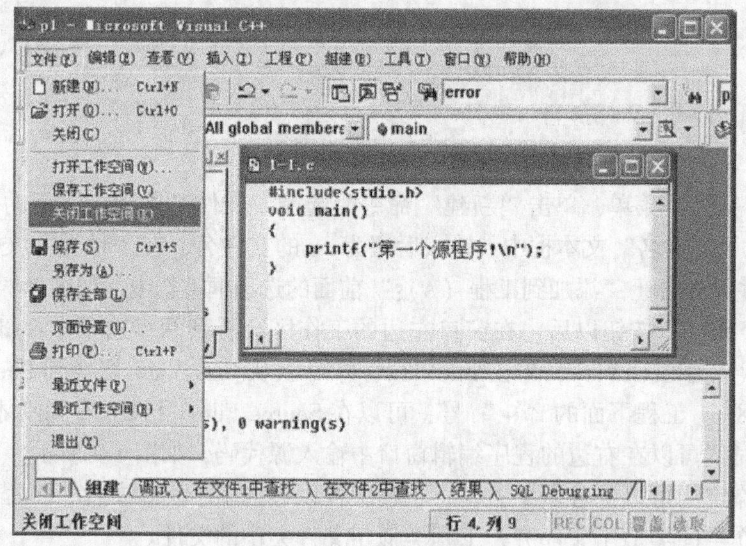

图 1-10　关闭工作空间

所示，然后再选择“文件”→“新建”命令创建第二个源文件。这是因为如果工作空间里已有打开的工程，再连续创建新的文件，运行时会有多个 main 函数，而 VC 在执行源程序的时候总是从 main 函数处开始，这将会导致程序无法运行。不关闭工作空间连续创建源文件时会产生多个 main 函数导致系统提示错误，如图 1-11 所示。

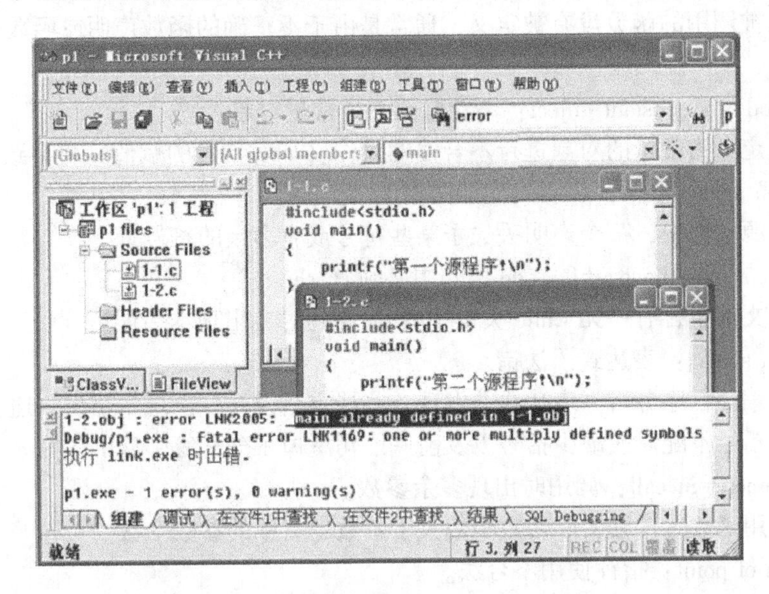

图 1-11　多个源文件连接时的错误界面

2. 编辑

在程序编辑窗口内可以进行类似于 Word 中的一些编辑操作，如复制、粘贴、剪切、撤销与恢复、删除、查找与替换等，这些功能为代码的编辑操作带来了极大的方便，实现途径有 3 种：“编辑”菜单、“标准”工具栏或者相应的快捷键。

VC 还提供了其他编辑功能，例如，通过单击“编辑”菜单→“高级”菜单，可以实现对选择的代码进行大小写转换；通过“工具”菜单→“选项”命令→“制表符”选项卡，可以设置制表符大小，输入时自动实现缩进，可以使代码整齐、规范；同时在程序源代码的编辑过程中可按下 Ctrl + S 组合键进行保存，并可以选定编辑区域中的语句，按下 Alt + F8 组合键可以实现自动排版。

1.2.3　常见错误提示及解决方法

编译和调试源程序时，信息窗口显示诊断信息、警告、出错信息、错误在源程序中的位置。按功能键 F5 可以扩大和恢复信息窗口，按 F6 键或 Alt + E 组合键，光标从信息窗口调到编辑窗口，此时可以根据系统的错误提示对错误进行修改，常见的出错信息及分析如下。

Argument list syntax error：参数表出现语法错误。

分析：函数调用的一组参数之间必须以逗号隔开，并以一右括号结束。若源文件中含有一个其后不是逗号也不是右括号的参数，则出现此错。

Array size too large：数组长度过大。

分析：定义的数组太长，可用内存不够。

Bad file name format in include directive：包含命令中文件名格式不正确。

分析：包含文件名必须用引号“filename. h”或尖括号<filename. h>括起来，否则将产生此错误。

Call of non—function：调用未定义函数。

分析：正被调用的函数没有被定义，通常是由于不正确的函数声明或函数名拼写错误引起的。

Cannot modify a constant object：不能修改一个常量对象。

分析：对定义为常量的对象进行不合法的操作（如对常量的赋值）将导致本错误。

Declaration syntax error：声明出现语法错误。

分析：在源文件中，某个声明丢失了某些符号或有多余的符号。

Do statement must have while：do 语句中必须有 while。

分析：源文件中含有一无 while 关键字的 do 语句时，出现本错误。

Expression syntax：表达式语法错。

分析：当编译程序分析一表达式并发现一些严重错误时，出现本错误。通常是由于两个连续操作符、括号不配对或缺少括号以及前一语句漏掉了分号等引起的。

Extra parameter in call：调用时出现多余参数。

分析：调用函数时，其实际参数个数大于函数定义中的参数个数。

Illegal use of point：指针使用不合法。

分析：施于指针运算符只能是加、减、赋值、比较。如用其他运算，则出现本错误。

Non-portable pointer assignment：不可移植指针赋值。

分析：源程序中将一个指针赋给一个非指针或相反。但作为特例，允许把零值赋值给一个指针。如果合适，强行抑制本错误信息。

Non-portable pointer comparison：不可移植指针比较。

分析：源程序中将一个指针和一个非指针（常量零除外）进行比较。如果合适，强行抑制本错误信息。

Redeclaration of ‘xxxxxx’：xxxxxx 重定义。

分析：此标识已经定义过。

Statement missing;：语句缺少分号。

分析：编译程序发现一表达式语句后面没分号。

Unable to open include ‘xxxxxx. x’：不能打开包含文件“xxxxxx. x”。

分析：编译程序找不到该包含文件，可能是由于一个#include 文件包含它本身引起的。

Undefined symbol ‘xxxxxx’：符号“xxxxxx”未定义。

分析：标识符无定义，可能是由于说明或引用处拼写错误引起的，也可能是根本就没有定义这个标识符。

1.3 简单的C语言程序

【例1-1】 已知长方形的长为8，宽为6，求该长方形的面积 s。

下面是用C语言编写的程序：

```
#include <stdio.h>
void main()
{
  int a,b,s;
  a =8;
  b =6;
  s =a* b;
  printf("s =%d \n",s);
}
```

具体操作步骤如下：

1. 从桌面“开始”菜单打开并进入V C++6.0编程环境及代码编辑窗口。
2. 单击“文件”菜单选择“新建”命令，打开“新建”对话框。
3. 在“文件”选项卡中，选择“C++ Source File”选项。
4. 在右侧“文件名”文本框中输入C程序文件名（扩展名为.c）。
5. 在右侧“位置”文本框中写出所建立的文件的路径。
6. 单击“确定”按钮，即可进入程序编辑窗口，如图1-12所示。

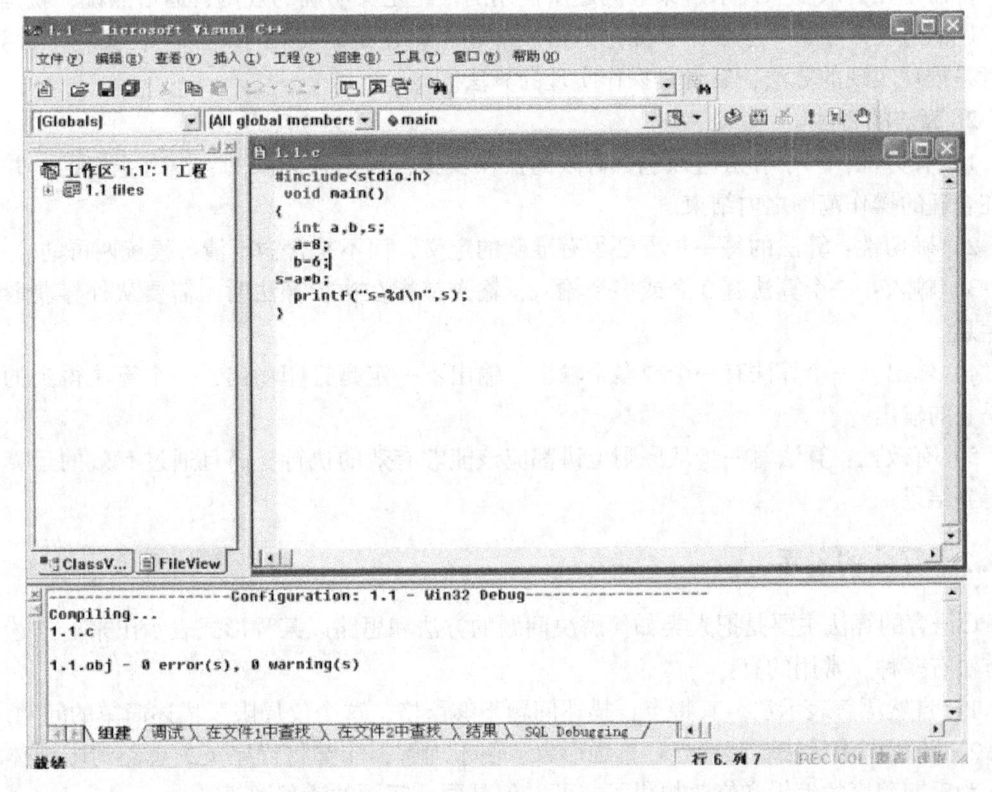

图1-12　工作界面

这样进入了代码编辑窗口后，输入相应代码，编译、连接无错误后，程序运行结果如图1-13所示。

```
s=48
Press any key to continue
```

图 1-13　程序运行结果

思考

程序中的\n起什么作用？去掉后再次运行程序得到什么结果？

1.4　算法

通过对本节的学习，将了解算法的概念、算法的特性，以及算法的几种常用表示方法，并且通过举例说明流程图表示法和N-S流程图表示法。

1.4.1　算法概述

1. 算法的概念

算法是在有限步骤内求解某一问题所使用的一组定义明确的规则，通俗点说，就是计算机解题的过程。在这个过程中，无论是形成解题思路还是编写程序，都是在实施某种算法。前者是推理实现的算法，后者是操作实现的算法。

2. 算法的特性

1）有穷性：一个算法应该包含有限的操作步骤，而不是无限的、没有止境的，并且应该在合理的操作范围之内结束。

2）确切性：算法的每一步骤必须有准确的定义，而不是含糊不清、模棱两可的。

3）输入：一个算法有0个或多个输入，输入是指在执行算法时，需要从外界获取必要的信息。

4）输出：一个算法有一个或多个输出，输出不一定是打印输出，一个算法得到的结果便是它的输出。

5）有效性：算法每一步从原则上讲都应该能够有效的执行，而且通过有效的运算后便可得到结果。

1.4.2　算法的表示

C语言的算法主要是把人类如何解决问题的方法和思路以某种形式表示出来。描述算法的方法有多种，常用的有：

1）自然语言表示法。其特点：描述问题不够严格，这个仅局限于描述简单的问题。

2）流程图表示法。其特点：直观形象、便于理解，能够将程序员的思路清晰地体现出来，为后期程序的编辑和修改提供了方便，但是同一问题的流程图不唯一。

3）N-S流程图表示法。其特点：结构清晰，但难于修改。

4）伪代码表示法。

特点：结构清晰，代码简单，可读性好，并且类似于自然语言。

上述 4 种算法表示各有各的好处，一般常用的有流程图表示法和 N-S 流程图表示法两种。

流程图是用一组几何图形表示各种类型的操作，在图形上用简明扼要的文字和符号表示具体的操作，并用带箭头的流程线表示操作的先后次序，表 1-1 列出了流程图的基本符号及其定义。

表 1-1　流程图的基本符号及其定义

图形符号	名　称	含　义
	起止框	表示算法的开始或结束
	输入/输出框	表示输入/输出操作
	处理框	表示处理或运算的功能
	判断选择框	表示根据算法给定的条件是否满足来决定执行两条路径中的某一路径
	流程线	表示程序执行的路径，箭头代表方向
	连接点	表示算法流向的出口连接点或入口连接点，同一对出口与入口的连接点内必须标以相同的数字或字母

1）用流程图描述求 1 ~ 100 的累加和的算法，如图 1-14 所示。

2）用 N-S 流程图描述求 1 ~ 100 的累加和的算法，如图 1-15 所示。

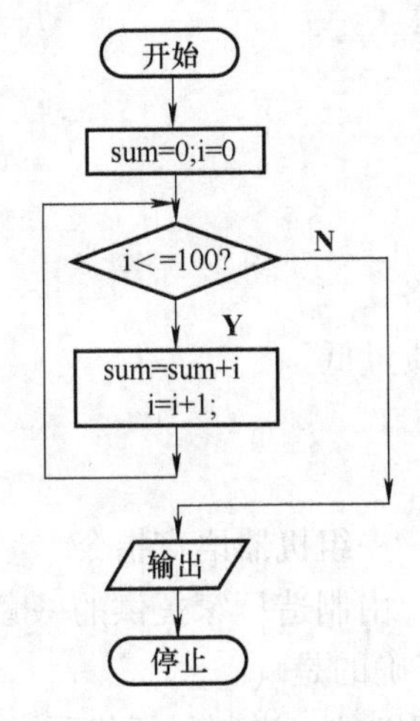

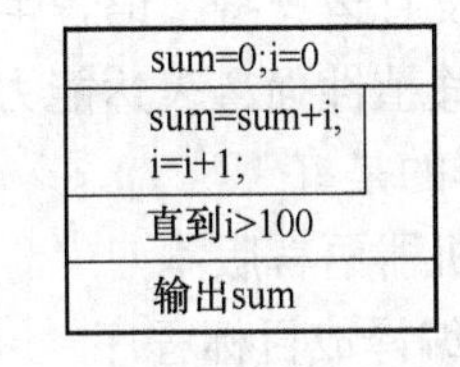

图 1-14　用流程图表示算法　　　　1-15　用 N-S 流程图表示算法

1.5　小结

1. C 语言概况

1）C 语言的发展。

2）C 语言的特点：

① 简单易学；
② 程序设计结构化，符合现代编程风格；
③ 表达方式灵活实用；
④ 表达能力强；
⑤ 语言生成目标代码质量高；
⑥ 可移植性强。

2. C 语言程序的开发与运行

1）C 语言程序的开发过程：
① 启动 VC；
② 编辑源程序；
③ 编译、连接和运行；
④ 执行程序。

2）VC 开发环境介绍。VC 可以在“独立文件模式”和“项目管理模式”下进行使用。

3）一些常见错误提示及解决方法。

3. 算法的描述与表示方法

1）算法的概述。

①算法的概念：算法是在有限步骤内求解某一问题所使用的一组定义明确的规则；②算法的特征：有穷性、确切性、有效性、0 个或多个输入、至少一个输出。

2）算法的表示：本章主要介绍了用流程图和 N-S 流程图表示算法。

习　　题

一、单项选择题

1. 以下不是 C 语言特点的是（　　）。
A）C 语言简洁易学，使用灵活方便
B）C 语言程序设计结构化，符合现代编程风格
C）C 语言中没有运算符，语言生成目标代码质量低
D）C 语言可移植性强，表达能力强

2. C 语言编译的是（　　）。
A）C 程序的机器语言版本　　B）一组机器语言指令
C）将 C 语言编译成目标程序　　D）由制造厂家提供的一套应用软件

3. 关于 C 语言程序的开发过程，以下描述不正确的是（　　）。
A）将已经编辑好的源程序翻译成计算机能够识别的二进制目标代码，即将 . c 或者 . cpp 文件编译成 . obj 文件
B）连接是指将各个模块的二进制代码与系统标准模块经连接、测试处理后，生成一个可供运行的可执行程序，即指的是将 . obj 文件生成为 . c/. cpp 文件
C）编辑好的代码保存在磁盘文件中，编辑的对象是源程序，它是以 ASCII 码的形式输入和存储的，它是不能被计算机所识别的
D）将编译好的可执行文件运行，通过运行程序可以查看程序执行输出结果

4. 以下不是算法特性的是（　　）。

A）无穷性　　B）一个和多个输入，至少一个输出

C）确切性　　D）有效性

5. 流程图中表示处理框的是（　　）。

A）菱形框　　B）矩形框　　C 圆形框　　D）圆角矩形框

二、问答题

1. C语言程序结构有什么特点？

2. C语言主要用途是什么？它和其他高级语言有何异同？

3. C语言源程序的后缀名是什么？经过编译后，生成文件的后缀是什么？经过连接后生成文件的后缀是什么？

4. 已编好一个C语言程序（文件名为1-1.c），要在计算机上运行，应该经历哪些步骤？

三、程序设计题

编写一个简单的C语言程序，运行程序后能得到以下两行文字：

I am a student

I love China

第2章 数据类型、运算符和表达式

学习要点

1. 常量和变量
2. 几种基本的数据类型
3. 算术运算符、赋值运算符、自增自减运算符、逗号运算符等多种运算符

导入案例

案例：数据的存储及处理

描述某个学生的信息，包括性别，英语、高等数学、计算机考试成绩，计算该学生的考试平均分。

分析：根据学生的英语、高等数学、计算机考试成绩计算平均分，这些数据可能是整数也可能是小数，那么在C语言中如何表示整数和小数呢？学生的性别又该如何去表示呢？又如何用C语言去计算三门课的平均值呢？

C语言提供了丰富的数据类型：整型、实型、字符型，它们可以用来描述学生的成绩和性别。无论是三门课的成绩还是平均成绩都不是固定不变的值，因此C语言提供了变量来保存学生的成绩信息，以便对它们进行处理。

C语言还提供了丰富的运算符：算术运算符、赋值运算符、关系运算符、逻辑运算符、位运算符等。这些运算符能够将算法的实现过程、对数据的处理流程在程序中用C语言描述出来。

本章主要介绍基本数据类型，常量和变量，算术运算符、赋值运算符等。

2.1 数据类型

在第1章提到过“程序=数据+算法”，算法处理的对象是数据。任何实际问题的解决都是对问题中的数据按步骤进行处理的过程，那么应该如何在程序中表示这些数据呢？已知整数、小数、分数、正数和负数等数学中数据的概念，C语言中是否也有这些数据呢？

2.1.1 数据类型概述

C语言提供了丰富的数据类型，可分为基本数据类型、构造数据类型、指针类型和空类型四大类。

1. 基本数据类型

在C语言中，基本数据类型主要有整型、实型、字符型三种，这是本章讨论的重点。

2. 构造数据类型

构造数据类型即复杂数据类型，在C语言中，构造数据类型主要有数组、结构体、联合体、枚举等。关于构造类型将会在后面章节详细讨论。

3. 指针类型

指针是C语言中一种重要又特殊的数据类型，用来保存某个量在内存中的地址。关于指针类型将会在第8章讨论。

4. 空类型

空类型是从语法完整性的角度给出的一种数据类型，在第1章中看到的void就是空类型说明符，表示此处不需要数据，因此也没有数据类型。

图2-1为C语言数据类型层次图。

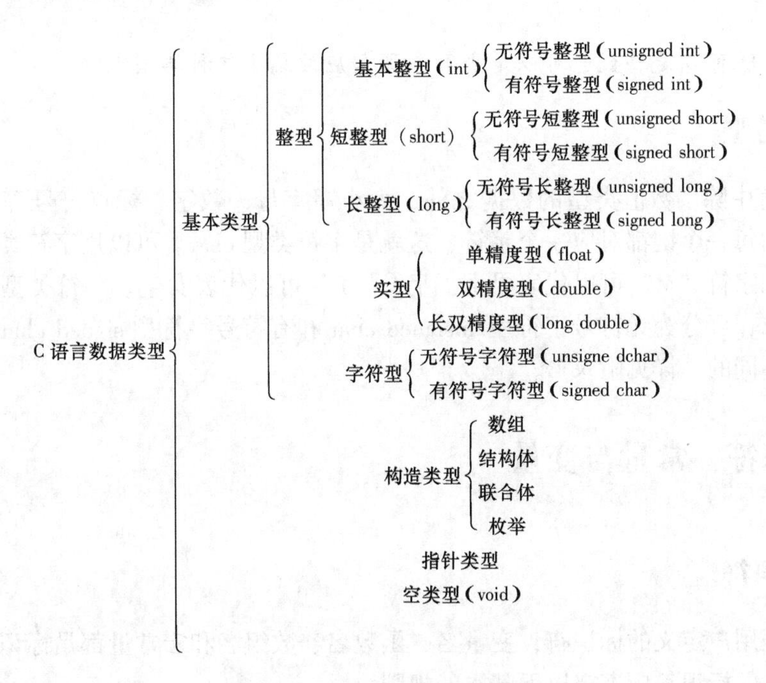

图2-1　C语言数据类型层次图

2.1.2　整型

整型就是通常说的整数，比如某个学生的年龄、学生的总人数、年份、月份等。根据其所占字节数的不同可细分为基本整型int、短整型short和长整型long，在VC中，它们分别占4字节、2字节和4字节，不同的字节数表示的范围是不同的，详见附录B。一般而言，整数用int类型来表示，但如果数值超过了int类型所能够表示的范围，那么就要考虑其他的数据类型，否则会溢出。

和日常生活中的整数有正负之分一样，每种整型亦有正负之分。基本整型分为无符号整型unsigned int和有符号整型（signed）int。无符号整型只能表示非负数，而有符号整型可以表示正数、负数。

比如，short 可以表示的范围是 -32768～32767，如果在校生的总人数为 40000，那么无法用 short 类型来描述在校生的总人数，可以用范围更大的 unsigned short 或者 int。

2.1.3 实型

在 C 语言中没有数学中的分数、百分数等，这些数都换算成小数，即实型。比如，学生的平均成绩、圆周率、存款利率等都是实型数据。实型根据其所占字节数的不同可分为单精度型 float、双精度型 double 和长双精度型 long double，它们分别占 4 字节、8 字节和 12 字节，不同类型表示的范围是不同的，详见附录 B。

思考

n 的阶乘的结果应该为整型还是实型呢？

思考

圆的半径既可以是整数也可以是小数，那么应该属于何种类型呢？

2.1.4 字符型

在 C 语言中除了数值类型的数据之外，大小写字母、数字、标点符号等都可以称为数据。键盘上的每一个键都对应一个字符，这就是字符类型 char。可以用字符类型来描述学生的性别，比如字符“M”可以代表男生，字符“F”可以代表女生。字符类型的数据在内存中仅占 1 字节，可分为无符号字符型 unsigned char 和有符号字符型 signed char，不同类型表示的范围是不同的，详见附录 B。

2.2 标识符、常量与变量

2.2.1 标识符

变量名是用户定义的标识符，变量名、函数名、数组名和宏常量都是标识符。

用户定义的标识符应遵守以下基本的规则：

1）标识符只能由英文字母、数字、下划线组成。

2）标识符必须以英文字母或下划线开头。

3）C 语言关键字不能作为标识符。

4）标识符一般会有最大长度限制，这与编译器相关，但大多数情况下不会达到此限制。

5）标识符是区分大小写的，即大小写敏感。例如，sum、SUM 和 Sum 是三个不同的标识符。为避免混淆，在程序中尽量不要出现仅靠大小写区分的标识符。

用户定义的标识符应遵守以下基本的习惯：

1）用户定义标识符时尽量做到见名知意。

2）采用驼峰命名法书写标识符，即每个单词的首字母大写。例如，高等数学的平均成绩用标识符 Math_Ave 来表示。

2.2.2 常量

何谓常量？常量是在程序运行过程中不会改变的量。在实际问题中，除了变量之外，还有已知的、不变的量。

例如，计算任意半径的圆面积。

分析：圆面积公式 $S=\pi r^2$，公式中的二次方 2 就是常量。

一般，常量不需要定义，可直接使用。根据数据类型的不同，常量可以分为整型常量、实型常量、字符常量。

1. 整型常量

整型常量就是整常数。在 C 语言中，整型常量有十进制、八进制和十六进制三种。

1）十进制整型常量：十进制整型常量没有前缀，其数码为 0 ~ 9。

以下各数是合法的十进制整型常量：

237、-568、65535、1627

以下各数不是合法的十进制整型常量：

023（不能有前导 0）、23D（含有非十进制数码）

在程序中根据前缀来区分各种进制数，在书写常量时不要把前缀弄错造成结果不正确。

2）八进制整型常量：八进制整型常量必须以数字 0 开头，即以数字 0 作为八进制数的前缀，其数码取值为 0 ~ 7。八进制数通常是无符号数。

以下各数是合法的八进制整型常量：

015（十进制为 13）、0101（十进制为 65）、0177777（十进制为 65535）

以下各数不是合法的八进制整型常量：

256（无前缀 0）、03A2（包含了非八进制数码）、-0127（出现了负号）

3）十六进制整型常量：十六进制整型常量的前缀为 0X 或 0x，其中“0”是数字 0，其数码取值为 0 ~ 9、A ~ F 或 a ~ f。

以下各数是合法的十六进制整型常量：

0X2A（十进制为 42）、0XA0（十进制为 160）、0XFFFF（十进制为 65535）

以下各数不是合法的十六进制整型常量：

5A（无前缀 0X）、0X3H（含有非十六进制数码）

4）整型常量的后缀：长整型是用后缀大写字母“L”或小写字母“l”来表示的。例如，十进制长整型常量：159L（十进制为 159）、358010L（十进制为 358010）；八进制长整型常量：013L（十进制为 11）、075L（十进制为 61）、0200000L（十进制为 65536）；十六进制长整型常量：0X15L（十进制为 21）、0XA5L（十进制为 165）、0X10000L（十进制为 65536）。

无符号数也可用后缀表示，整型常数的无符号数的后缀为“U”或“u”。例如，357u、0x38Au、235Lu 均为无符号数。前缀、后缀可同时使用以表示各种类型的数。例如，0XA5Lu 表示十六进制无符号长整数 A5，其十进制为 165。

在 VC 中，每种数据类型所占的字节数是固定的，因此表示的数的范围也是有限定的。

比如，短整型 short 的长度为 2 字节，十进制无符号数的范围为 0 ~ 65535，有符号数的范围为 -32768 ~ 32767；八进制无符号数的表示范围为 0 ~ 0177777；十六进制无符号数的表示范围为 0X0 ~ 0XFFFF 或 0x0 ~ 0xFFFF。如果使用的数超过了上述范围，就必须用范围更大的类型基本整型 int 或者长整型 long 来表示。

在程序设计中，一般无特殊说明的话用十进制数。

2. 实型常量

实型也称为浮点型。实型常量也称为实数或者浮点数，实型常量不分单、双精度，都按双精度 double 型处理。在 C 语言中，实型常量只采用十进制。它有两种形式：十进制小数形式和指数形式。

1）十进制小数形式：由数码 0 ~ 9 和小数点组成。例如，0.0、25.0、5.789、0.13、5.0、300、-267.8230 等均为合法的实数。注意，必须有小数点。

2）指数形式：由十进制数、加阶码标志“e”或“E”以及阶码（只能为整数，可以带符号）组成。其一般形式为 a E n（a 为十进制数，n 为十进制整数），其值为 $a \times 10^n$。例如，2.1E5（等于 2.1×10^5）、3.7E-2（等于 3.7×10^{-2}）、0.5E7（等于 0.5×10^7）、-2.8E-2（等于 -2.8×10^{-2}）

以下不是合法的实数：

345（无小数点）、E7（阶码标志 E 之前无数字）、-5（无阶码标志）、53.-E3（负号位置不对）、2.7E（无阶码）。

标准 C 允许实型常量使用后缀，后缀为“f”或“F”即表示该数为单精度实型常量，后缀为小写字母“l”或大写字母“L”即表示该数为长双精度实型常量。例如，356.f 或 356.F 表示该数为单精度实型（float）常量，356. 表示该数为双精度实型（double）常量，356.l 或 356.L 表示该数为长双精度实型（long double）常量。尽管它们的数值相同，但所占字节数是不同的，其中单精度实型占 4 字节，而双精度实型和长双精度实型各占 8 字节、12 字节。

3. 字符常量

字符常量是用单引号括起来的一个字符。

（1）普通字符常量

键盘上的每一个键都对应一个字符，分为可打印和不可打印的字符。大小写字母、数字、标点符号等是可打印的字符，空格、Tab、回车键是不可打印的字符。例如，‘a’、‘M’、‘=’、‘+’、‘?’都是合法字符常量。

（2）转义字符

转义字符是一种特殊的字符常量。转义字符以反斜线“\”开头，后跟一个或几个字符。转义字符具有特定的含义，不同于字符原有的意义，故称“转义”字符。例如，例 1-1printf 函数的格式串中用到的“\n”就是一个转义字符，其意义是“回车换行”。转义字符主要用来表示那些用一般字符不便于表示的控制代码。

广义地讲，C 语言字符集中的任何一个字符均可用转义字符来表示，表 2-1 中的 \ddd 和 \xhh 正是为此而提出的。ddd 和 hh 分别为八进制和十六进制的值，其可以对应相应 ASCII 值的字符，如 \101 表示字母 A、\102 表示字母 B、\134 表示反斜线、\xOA 表示换行等。

表 2-1 常用的转义字符表

转 义 字 符	转义字符的意义	ASCII 代码
\n	回车换行	10
\t	横向跳到下一制表位置	9
\b	退格	8
\r	回车	13
\f	走纸换页	12
\\	反斜线符“\”	92
\'	单引号符	39
\"	双引号符	34
\a	鸣铃	7
\ddd	1~3 位八进制数所代表的字符	
\xhh	1~2 位十六进制数所代表的字符	

【例 2-1】 转义字符的使用。

```
#include <stdio.h>
void main()
{
    int a=5,b,c;
    b=6;
    c=7;
    printf("  ab  c\tde\rf\n");
    printf("hijk\tL\bM\n");
}
```

例 2-1 运行结果如下：

```
f ab  c de
hijk    M
```

在 C 语言中，字符常量有以下特点：

1）字符常量只能用单引号括起来，不能用双引号或其他符号。

2）字符常量只能是单个字符，不能是字符串。

4. 符号常量

用标识符代表一个常量，称为符号常量，又叫宏常量。在实际问题中往往会遇到圆周率 π、重力加速度 g 等常数，像这样的常数，可以将它们定义为符号常量，格式如下：

```
#define 标识符常量
#define PI 3.1415
#define N 100
```

符号常量 PI 代表圆周率，N 代表学生总人数。符号常量与变量不同，它的值在其作用域内不能改变，也不能再被赋值。习惯上符号常量的标识符用大写字母，变量标识符用小写字母，以示区别。

注意：定义符号常量时，行末不可加分号，否则会出现编译错误。

【例2-2】 符号常量的使用。

```
#include <stdio.h>
#define PRICE 30
void main()
{
int num,total;
num=10;
total=num* PRICE;
printf("total=%d",total);
}
```

将程序中所有的符号常量 PRICE 都用 30 替换，不难分析得出程序运行的结果 total = 300。从该例可以得出，使用符号常量的好处是：

1）含义清楚；

2）能做到“一改全改”。

2.2.3 变量

何谓变量？变量是在程序运行过程中可以改变的量。在解决实际问题的时候，变量往往是其中未知的或待求的数据。

例如，计算任意半径的圆的面积。

分析：根据圆面积公式 $s=\pi r^2$，不难知道半径是任意的，其值是可以变化的、未知的数据，而面积亦是未知的待求的数据，它们都是变量。

在 C 语言程序中，变量必须先定义再使用，如果在程序中使用未经定义的变量，则会有编译错误。在定义变量时，需要声明变量的类型和变量名。定义变量的一般形式为：

数据类型　变量名;

1. 整型变量

（1）整型变量的分类

1）基本型：类型说明符为 int，在内存中占 4 字节。

2）短整型：类型说明符为 short int 或 short，在内存中占 2 字节。

3）长整型：类型说明符为 long int 或 long，所占字节和取值范围均与基本型相同。

无符号型 unsigned 又可与上述三种类型匹配而构成以下类型。

1）无符号基本型：类型说明符为 unsigned int 或 unsigned。

2）无符号短整型：类型说明符为 unsigned short。

3）无符号长整型：类型说明符为 unsigned long。

各种无符号类型量所占的内存空间字节数与相应的有符号类型量相同，但由于省去了符号位，故不能表示负数。

（2）整型变量的定义

变量定义的一般形式为：

类型说明符　变量名标识符，变量名标识符，...；

例如：

```
int a,b,c; (a、b、c 为整型变量)
long x,y; (x、y 为长整型变量)
unsigned p,q; (p,q 为无符号整型变量)
```

在书写变量定义时，应注意以下几点：

1）允许在一个类型说明符后定义多个相同类型的变量，各变量名之间用逗号间隔，类型说明符与变量名之间至少用一个空格间隔。

2）最后一个变量名之后必须以“;”号结尾。

3）变量定义必须放在变量使用之前，一般放在函数体的开头部分，紧接“{”之后。

【例2-3】 整型变量的定义与使用。

```
#include <stdio.h>
void main()
{
    int a,b,c,d;
    unsigned u;
    a=12;b=-24;u=10;
    c=a+u;d=b+u;
    printf("a+u=%d,b+u=%d\n",c,d);
}
```

例2-3的运行结果如下：

```
a+u=22,b+u=-14
```

【例2-4】 整型数据的溢出。

```
#include <stdio.h>
void main()
{
    short a,b;
    a=32767;
    b=a+1;
    printf("%d,%d\n",a,b);
}
```

从程序中可以看到a、b均为short类型，其范围为-32768~32767。经过运算a+1之后b的值为32768，超过了short类型可以表示的范围，因此b的值为-32768。

2. 实型变量

(1) 实型变量的分类

实型变量分为单精度（float型）、双精度（double型）和长双精度（long double型）三类。单精度型占4字节（32位）内存空间，其数值范围为3.4E-38~3.4E+38，只能提供

6 位有效数字。双精度型占 8 字节（64 位）内存空间，其数值范围为 1.7E－308～1.7E＋308，可提供 15 位有效数字。

【例 2-5】 实型数据的精度。

```
#include <stdio.h>
void  main()
{
      printf("%f \n%f \n", 123456.789e4f,123456.789e4);
}
```

程序运行的结果为：

```
1234567936.000000
1234567890.000000
```

123456.789e4f 由于加了 f 的后缀，因此为 float 型，只有 6 位有效数字，输出的结果中前 6 位是有效数字，而后 3 位是随机的无效数字。123456.789e4 未加后缀，系统默认为 double 型，可提供 15 位有效数字，因而输出的结果是正确的。

（2）实型变量的定义

实型变量定义的格式和书写规则与整型变量相同。

例如：

```
float x,y;(x、y 为单精度实型变量,可以代表函数 y=f(x)中的自变量和因变量)
double a,b,c;(a、b、c 为双精度实型变量,可以代表三角形的三边长)
```

实型数据的舍入误差：

由于实型变量是由有限的存储单元组成的，因此能提供的有效数字总是有限的，如例 2-6。

【例 2-6】 实型数据的舍入误差。

```
#include <stdio.h>
voidmain()
{
   double a;
   a =33333.33333333333333;
   printf("%f \n",a);
}
```

a 是双精度型，有效位为 15 位。但小数点后最多保留 6 位，其余部分四舍五入。因此，输出的结果为 33333.333333。

3. 字符型变量

字符型变量用来存储字符常量，即单个字符。字符型变量的类型说明符是 char。字符型变量定义的格式和书写规则都与整型变量相同。例如，char ch1，ch2。

每个字符型变量被分配一个字节的内存空间，因此只能存放一个字符。字符值是以 ASCII 码的形式存放在变量的内存单元之中的。例如，A 的十进制 ASCII 码是 65，a 的十进制 ASCII 码是 97。对字符变量 ch1、ch2 赋予“A”和“a”值：

```
ch1 ='A';
ch2 ='a';
```

实际上是在 ch1、ch2 两个单元内存放 65 和 97 的二进制表示的数值。

所以也可以把它们看成是整型量。C 语言允许对整型变量赋以字符值，也允许对字符变量赋以整型值。在输出时，允许把字符按整型量输出，也允许把整型量按字符输出。整型量占 4 个字节，字符占 1 个字节，当整型量按字符型处理时，只有低 8 位字节参与处理。

【例 2-7】 大小写字母之间的转换。

```
#include <stdio.h>
void main()
{
    char a,b;
    a='a';
    b='b';
    a=a-32;
    b=b-32;
    printf("%c,%c\n%d,%d\n",a,b,a,b);
}
```

本例中，a、b 被说明为字符变量并赋予字符值，C 语言允许字符变量参与数值运算，即用字符的 ASCII 码参与运算。由于大小写字母的 ASCII 码相差 32，因此运算后把小写字母转换成大写字母，然后分别以字符型和整型输出。

【例 2-8】 向字符变量赋以整数。

```
#include <stdio.h>
void main()
{
    char ch;
    ch=66;
    printf("小写字母%c,的 ASCII 码是%d",ch+32,ch+32);
}
```

本程序中定义 ch 为字符型，但在赋值语句中赋以整型值。从结果看，变量的值的输出形式取决于 printf 函数格式串中的格式符，当格式符为“%c”时，对应输出的变量值为字符，当格式符为“%d”时，对应输出的变量值为整数。

2.3 运算符与表达式

C 语言中运算符和表达式数量之多，在高级语言中是少见的。正是丰富的运算符和表达式使 C 语言功能十分完善，这也是 C 语言的主要特点之一。

C 语言的运算符不仅具有不同的优先级，而且还有一个特点，就是它的结合性。在表达式中，各运算量参与运算的先后顺序不仅要遵守运算符优先级别的规定，还要受运算符结合性的制约，以便确定是自左向右进行运算还是自右向左进行运算。这种结合性是其他高级语言的运算符所没有的，因此也增加了C语言的复杂性。

C语言的运算符可分为以下几类。

1）算术运算符：用于各类数值运算，包括加（+）、减（-）、乘（*）、除（/）、求余（或称模运算%）、自增（++）、自减（--）共七种。

2）关系运算符：用于比较运算，包括大于（>）、小于（<）、等于（==）、大于等于（>=）、小于等于（<=）和不等于（!=）六种。

3）逻辑运算符：用于逻辑运算，包括与（&&）、或（||）、非（!）三种。

4）位运算符：参与运算的量按二进制位进行运算，包括位与（&）、位或（|）、位非（~）、位异或（^）、左移（<<）、右移（>>）六种。

5）赋值运算符：用于赋值运算，分为简单赋值（=）、复合算术赋值（+=、-=、*=、/=、%=）和复合位运算赋值（&=、|=、^=、>>=、<<=）三类共11种。

6）条件运算符：这是一个三目运算符，用于条件求值（?:）。

7）逗号运算符：用于把若干表达式组合成一个表达式（,）。

8）指针运算符：用于取内容（*）和取地址（&）两种运算。

9）求字节数运算符：用于计算数据类型所占的字节数（sizeof）。

10）特殊运算符：有括号（）、下标［］、成员（→，.）等几种。

本节将介绍算术运算符、赋值运算符、自增/自减运算符、逗号运算符、位运算符，其他运算符将在后续介绍。

在学习运算符的时候，需要注意运算符的功能、优先级、结合性，操作数的数目、类型以及结果的类型。

运算符的优先级：C语言中，运算符的运算优先级共分为15级，1级最高，15级最低。在表达式中，优先级较高的先于优先级较低的进行运算。而在一个运算量两侧的运算符优先级相同时，则按运算符的结合性所规定的结合方向处理。

运算符的结合性：C语言中各运算符的结合性分为两种，即左结合性（自左至右）和右结合性（自右至左）。例如，算术运算符的结合性是自左至右，即先左后右，如有表达式x-y+z则y应先与“-”号结合，执行x-y运算，然后再执行+z的运算。这种自左至右的结合方向就称为“左结合性”。而自右至左的结合方向称为“右结合性”。最典型的右结合性运算符是赋值运算符，如x=y=z，由于“=”的右结合性，应先执行y=z再执行x=(y=z)运算。C语言运算符中有不少为右结合性，应注意区别，以避免理解错误。

2.3.1 算术运算符与算术表达式

1. 算术运算符

加法运算符“+”：加法运算符为双目运算符，即应有两个量参与加法运算，如a+b、4+8等。其具有左结合性。

减法运算符“-”：减法运算符为双目运算符。但“-”也可作负值运算符，此时为单目运算符，如-x、-5等。其具有左结合性。

乘法运算符“*”：双目运算符，具有左结合性。

除法运算符“/”：双目运算符，具有左结合性，参与运算量均为整型时，结果也为整型，舍去小数。如果运算量中有一个是实型，则结果为双精度实型。例如，20/7、-20/7 的结果均为整型，小数全部舍去；而 20.0/7 和 -20.0/7.0 由于有实数参与运算，因此结果也为实型。

求余运算符（模运算符）“%”：双目运算符，具有左结合性，要求参与运算的量均为整型。求余运算的结果等于两数相除后的余数。例如，100%3 所得的余数为 1，0%2 等于 0。

思考

如何判断一个数的奇偶性？

2. 算术表达式

表达式是由常量、变量、函数和运算符组合起来的式子。一个表达式有一个值及其类型，它们等于计算表达式所得结果的值和类型。表达式求值按运算符的优先级和结合性规定的顺序进行。单个的常量、变量、函数可以看作是表达式的特例。

算术表达式：用算术运算符和括号将运算对象（也称操作数）连接起来的符合 C 语言语法规则的式子。

以下是算术表达式的例子。

1）半径为 r 的圆的面积：3.14 * r * r。

2）3 门课程的平均分：(x + y + z) /3.0。

3）x + y - g * h * (t/20) +65 - r%2：() 的优先级最高，先运算 t/20，由于 * 是左结合的，然后从左往右依次计算 g * h * (t/20)，接下来计算 r%2，最后将各部分从左往右依次进行加减法的运算。

2.3.2 赋值运算符与赋值表达式

1. 简单赋值运算符

简单赋值运算符和表达式：简单赋值运算符记为“=”。由“=”连接的式子称为赋值表达式。其一般形式为：

变量 = 表达式

例如：

```
x =0
s =3.14* r* r
aver = (x + y + z)/3.0
gw = x%10
bw = x/100
```

赋值表达式的功能是计算表达式的值再赋予左边的变量。赋值运算符具有右结合性。因此 a = b = c = 5 可理解为 a = (b = (c = 5))，其中 c 的值是 5，c = 5 这个赋值表达式的值就是赋值号左边变量的值，由此 a 和 b 的值也为 5。例如，x = (a = 5) + (b = 8)，它的意义是把 5 赋予 a，8 赋予 b，再把 a、b 相加，和赋予 x，故 x 应等于 13。

在 C 语言中也可以组成赋值语句，按照 C 语言规定，任何表达式在其末尾加上分号就构成为语句，因此如 x = 8; a = b = c = 5; 都是赋值语句，在前面各例中已大量使用过了。

【例 2-9】 求半径为 r 的圆的面积。

```
#include <stdio.h>
void main()
{
    float  r, s;
    scanf("%f",&r);
    s =3.14* r* r;
    printf("s =%f \n",s);
}
```

2. 复合赋值运算符

在赋值运算符“=”之前加上其他双目运算符可构成复合赋值运算符，如+=、-=、*=、/=、%=、<<=、>>=、&=、^=、|=。

构成复合赋值表达式的一般形式为：

变量双目运算符=表达式

它等价于：

变量=变量运算符表达式

例如：

```
a + =5        等价于 a =a +5
x* =y +7      等价于 x =x* (y +7)
r% =p         等价于 r =r%p
```

复合赋值运算符这种写法，对初学者可能不习惯，但十分有利于编译处理，能提高编译效率并产生质量较高的目标代码。

【例 2-10】 +=运算符的含义和用法。

```
#include <stdio.h>
void main()
{
    float book_price =60.75;
    printf("\n 书的价格 =%f",book_price);
    book_price + =12.50;
    printf("\n 书的新价格 =%f \n",book_price);
}
```

如果赋值运算符两边的数据类型不相同，系统将自动进行类型转换，即把赋值号右边的类型转换成左边的类型。具体规定如下：

1）实型赋予整型，舍去小数部分。比如，int a =3.57;，a 的值为 3。

2）整型赋予实型，数值不变，但将以浮点形式存放，即增加小数部分（小数部分的值为0）。比如，double b =1;，b 的值为 1.000000。

3）字符型赋予整型，由于字符型为 1 个字节，而整型为 4 个字节，故将字符的 ASCII 码值放到整型的低 8 位中，其余位为 0 或者 1。整型赋予字符型，只把低 8 位赋予字符型。

【例 2-11】 不同数据类型的自动转换。

```
#include <stdio.h>
void main()
{
    int a,b=322;
    float x,y=8.88;
    char c1='k',c2;
    a=y;
    x=b;
    a=c1;
    c2=b;
    printf("%d,%f,%d,%c\n",a,x,a,c2);
}
```

程序运行结果如下：

```
8,322.000000,107,B
```

本例说明了上述赋值运算中不同类型转换的规则。a 为整型，赋予实型变量 y 值 8.88 后只取整数 8；x 为实型，赋予整型量 b 值 322 后增加了小数部分；字符型量 c1 赋予 a 变为整型，整型量 b 赋予 c2 后取其低 8 位成为字符型（b 的低 8 位为 01000010，即十进制 66，按 ASCII 码对应于字符 B）。

2.3.3 自增/自减运算符

自增、自减运算符：自增运算符记为“++”，其功能是使变量的值自增 1；自减运算符记为“--”，其功能是使变量值自减 1。

自增、自减运算符均为单目运算符，都具有右结合性。根据运算符和操作数的位置不同可分为前置和后置两种形式：

1）++i：前置自增，i 自增 1 后再参与其他运算。

2）--i：前置自减，i 自减 1 后再参与其他运算。

3）i++：后置自增，i 参与运算后，i 的值再自增 1。

4）i--：后置自减，i 参与运算后，i 的值再自减 1。

printf（"%d"，++i）；和 printf（"%d"，i++）；是不同的，前者为前置自增，即先自增再输出，若 i 的初值为 0，屏幕上输出 1；后者为后置自增，即先输出再自增，若 i 的初值为 0，屏幕上输出 0。但无论是前置还是后置，最终 i 的值都自增 1，只是屏幕上输出的值有区别。

思考

a=3；b=5；c=（--a）*b；

a=3；b=5；c=（a--）*b；

前置和后置运算后，a、b、c 的值分别为多少？

2.3.4 逗号运算符与逗号表达式

在C语言中逗号“,”也是一种运算符，称为逗号运算符。其功能是把两个表达式连接起来组成一个表达式，称为逗号表达式。其一般形式为：

表达式1，表达式2

其求值过程是分别求两个表达式的值，并以表达式2的值作为整个逗号表达式的值。例如：

```
a =15;
a =3* 5,a* 4;
```

赋值运算符的优先级仅比逗号高，上式等同于（a=3*5),a*4;，先计算a=3*5，a的值为15，再计算a*4，将a*4的值作为逗号表达式的值，最终整个逗号表达式的值为60。

【例2-12】 逗号运算符举例。

```
#include <stdio.h>
void main()
{
      int a =2,b =4,c =6,x,y;
      y = (x =a +b),(b +c);
      printf("y =%d,x =%d",y,x);
}
```

程序运行结果如下：

```
y =6,x =6
```

本例中，y等于表达式x=a+b的值，也就是表达式1的值。对于逗号表达式还要说明两点：

1）逗号表达式一般形式中的表达式1和表达式2也可以又是逗号表达式。例如：

表达式1，（表达式2，表达式3）

形成了嵌套情形。因此可以把逗号表达式扩展为以下形式：

表达式1，表达式2，…，表达式n

整个逗号表达式的值等于表达式n的值。

2）程序中使用逗号表达式，通常是要分别求逗号表达式内各表达式的值，并不一定要求整个逗号表达式的值。

注意：并不是在所有出现逗号的地方都组成逗号表达式，如在变量说明中，函数参数表中逗号只是用作各变量之间的间隔符。

2.3.5 位运算符

前面介绍的各种运算都是以字节作为最基本单位进行的。但在很多系统程序中常要求在位（bit）一级进行运算或处理。C语言提供了位运算的功能，这使得C语言也能像汇编语言一样用来编写系统程序。

C 语言提供了六种位运算符：& 按位与、| 按位或、^按位异或、~取反、<<左移、>>右移。

1. 按位与运算符

按位与运算符“&”是双目运算符。其功能是参与运算的两数各对应的二进制位相与。只有对应的两个二进制位均为 1 时，结果位才为 1，否则为 0。参与运算的数以补码形式出现。

例如，9&5 可表示为：

```
00001001(9 的二进制补码)
&00000101(5 的二进制补码)
00000001(1 的二进制补码)
```

可见 9&5 =1。按位与运算通常用来对某些位清 0 或保留某些位。例如，把 a 的高 8 位清 0，保留低 8 位，可做 a&255 运算（255 的二进制数为 0000000011111111）。

【例 2-13】 按位与运算符举例。

```
#include <stdio.h>
void main()
{
    int a=9,b=5,c;
    c=a&b;
    printf("a=%d\nb=%d\nc=%d\n",a,b,c);
}
```

程序运行结果如下：

```
a=9
b=5
c=1
```

2. 按位或运算符

按位或运算符“|”是双目运算符。其功能是参与运算的两数各对应的二进制位相或。只要对应的两个二进制位有一个为 1 时，结果位就为 1。参与运算的两个数均以补码形式出现。

例如，9|5 可表示为：

00001001

|00000101

00001101（十进制为 13）

可见 9|5 =13。

3. 按位异或运算符

按位异或运算符“^”是双目运算符。其功能是参与运算的两数各对应的二进制位相异或。当两对应的二进制位相异时，结果位为 1。参与运算的数仍以补码形式出现。

例如，9^5 可表示为：

00001001

^00000101

00001100（十进制为 12）

可见9^5 = 12。

4. 取反运算符

取反运算符“~”为单目运算符，具有右结合性。其功能是对参与运算的数的各二进制位按位求反。

例如，~9的运算为：

~（0000000000001001）

结果为：

1111111111110110

5. 左移运算符

左移运算符“<<”是双目运算符。其功能把“<<”左边的运算数的各二进制位全部左移若干位，由“<<”右边的数指定移动的位数，高位丢弃，低位补0。

例如，a<<4，指把a的各二进制位向左移动4位。若a=00000011（十进制3），左移4位后为00110000（十进制48）。

6. 右移运算符

右移运算符“>>”是双目运算符。其功能是把“>>”左边的运算数的各二进制位全部右移若干位，由“>>”右边的数指定移动的位数。

例如，若a=15，a>>2表示把000001111右移为00000011（十进制3）。

应该说明的是，对于有符号数，在右移时，符号位将随同移动。当为正数时，最高位补0；而为负数时，符号位为1，最高位是补0或是补1取决于编译系统的规定。

【例2-14】 位运算符举例。

```
#include <stdio.h>
void main()
{
    unsigned a,b;
    printf("input a number: ");
    scanf("%d",&a);
    b=a>>5;
    b=b&15;
    printf("a=%d\tb=%d\n",a,b);
}
```

程序运行后，若输入3，则结果为：

```
input a number:3
a=3    b=0
```

1）位运算是C语言的一种特殊运算功能，它是以二进制位为单位进行运算的。位运算符只有逻辑运算和移位运算两类。位运算符可以与赋值运算符一起组成复合赋值运算符，如&=、|=、^=、>>=、<<=等。

2）利用位运算可以完成汇编语言的某些功能，如置位、位清0、移位等，还可进行数据的压缩存储和并行运算。

2.3.6 数据类型转换

变量的数据类型是可以转换的。转换的方法有两种，一种是自动转换，一种是强制转换。

1. 自动转换

自动转换发生在不同数据类型的量混合运算时，由编译系统自动完成。自动转换遵循以下规则：

1）若参与运算量的类型不同，则先转换成同一类型，然后进行运算。

2）转换按数据长度增加的方向进行，保证精度不降低。例如，int 型和 double 型运算时，先把 int 型转换成 double 型后再进行运算。

3）所有的浮点运算都是以双精度进行的，即使仅含 float 单精度量运算的表达式，也要先转换成 double 型，再做运算。

4）char 型和 short 型参与运算时，必须先转换成 int 型。

5）在赋值运算中，赋值号两边的数据类型不同时，赋值号右边的类型将转换为左边的类型。如果右边的数据类型比左边占字节数多时，将丢失一部分数据，这样会降低精度，丢失的部分按四舍五入向前舍入。

【例 2-15】 自动类型转换举例。

```
#include <stdio.h>
void main()
{
    float PI=3.14159;
    int s,r=5;
    s=r* r* PI;
    printf("s=%d\n",s);
}
```

本例程序中，PI 为实型，s、r 为整型。在执行 s = r * r * PI 语句时，r 和 PI 都转换成 double 型计算，结果也为 double 型。但由于 s 为整型，故赋值结果仍为整型，舍去了小数部分。程序运行结果为 s = 78。

2. 强制类型转换

强制类型转换是通过类型转换运算来实现的。其一般形式为：

(类型说明符) (表达式)

其功能是把表达式的运算结果强制转换成类型说明符所表示的类型。

例如：

(float) a，把 a 转换为实型；

(int) (x + y)，把 x + y 的结果转换为整型。

在使用强制转换时应注意以下问题：

1）类型说明符和表达式都必须加括号（单个变量可以不加括号），如把（int）（x + y）写成（int）x + y 则成了把 x 转换成 int 型之后再与 y 相加了。

2）无论是强制转换或是自动转换，都只是为了本次运算的需要而对变量的数据长度进行的临时性转换，而不改变数据说明时对该变量定义的类型。

【例 2-16】 强制类型转换举例。

```
#include <stdio.h>
void main()
{
    float f =5.75;
    printf("(int)f =%d,f =%f \n",(int)f,f);
}
```

本例表明，f 虽强制转为 int 型，但只在运算中起作用，是临时的，而 f 本身的类型并不改变。因此，(int) f 的值为 5（删去了小数部分），而 f 的值仍为 5.75。程序运行结果如下：

(int) f=5，f=5.750000

2.4 知识点强化与应用

在解决实际问题的时候，首先要分析出该问题中有哪些数据，这些数据哪些是常量，哪些是变量，变量应该采用哪种数据类型描述，问题该如何求解，然后用 C 语言将数据和算法都描述出来。

【例 2-17】 设计一程序，计算任意半径的球的体积。

分析：根据球的体积公式，即

$$V=\frac{4}{3}\pi r^3$$

可知，未知的半径 r 和待求的体积 V 是变量，其他均为常量。而半径和体积既可以是小数也可以是整数，因此，它们的类型为 float 型或 int 型但从实际情况考虑，定义为 float 型更合适。参考程序如下：

```
#include <stdio.h>
void main()
{
    float  r, v;
    scanf("%f",&r);
    v =4.0/3* 3.14* r* r* r;
    printf("v =%f \n",v);
}
```

思考

1）若将 v=4.0/3*3.14*r*r*r；改为 v=4/3*3.14*r*r*r；，分析程序结果。

2）若圆周率 3.14 用符号常量 PI 表示，程序该如何修改？

【例 2-18】 设银行定期存款的年利率是 3.05%，并已知存款期为 n 年，存款本金任意 x，试计算 n 年后本利之和 y。

分析：根据存款公式，即

$$cash = x(1 + 3.05\%)^n$$

可知，未知的存款本金 x、存款期 n、待求的本利之和 y 是变量，其中 n 为 int 型，x 和 y 为 float 型或 double 型，其他均为常量。参考程序如下：

```
#include <stdio.h>
#include <math.h>
void main()
{
    int  n;
    float  x,y;
    scanf("%d%f",&n,&x);
    y=x* pow(1+0.0305,n);
    printf("y=%f\n",y);
}
```

提示

1）pow（x，n）是数学函数，用来计算 x^n。其括号里面包括两个参数，第一个是底，第二个是指数。

2）若程序中用到数学函数，则必须在程序的开始加上#include <math.h>。

3）C 语言中没有百分数形式，程序中将 3.05% 转换为小数形式 0.0305。

【例 2-19】 计算并输出一个 3 位正整数 x 的个位、十位、百位数字之和。

分析： x/100 可得到百位数字，x%10 可得到个位数字，x%100/10 可得到十位数字。

参考程序如下：

```
#include <stdio.h>
void main()
{
    int  x,gw,sw,bw;
    scanf("%d",&x);
    bw=x/100;
    gw=x%10;
    sw=x%100/10;
    printf("%d\n",gw+sw+bw);
}
```

思考

还有哪些方法可以用于计算十位数字？

2.5 小结

1. 常量和变量

1）C 语言处理的数据有常量和变量两种基本形式。

2）常量和变量的区别在于：在程序执行的过程中，常量的值保持不变，变量的值则是可以改变的。

3）实际问题中，未知的待求的量一般为变量，已经的不变的量为常量。

4）变量必须先定义再使用，变量定义一般放在函数的开头。

5）变量名和符号常量名是标识符，定义时必须遵循标识符的命名规则和习惯。标识符只能由字母、数字和下划线组成，开头必须是字母或下划线。标识符的命名应采用驼峰命名法，每个单词的首字母大写，做到见名知意。

2. 数据类型

1）基本数据类型包括整型、实型、字符型。

2）不同数据类型占字节数不同，所表示的范围也不同，详见附录 B。整型和字符型有 unsigned 和 signed 的区分。

3）字符型数据在内存中存储的是该字符的 ASCII 码，字符型和整型之间可以相互运算、赋值。

3. 运算符和表达式

1）C 语言有丰富的运算符。

2）算术、自增/自减、赋值、逗号、位运算（除按位取反）运算符都是双目运算符，其优先级比单目运算符低，比三目运算符高，圆括号的优先级最高，详见附录 D。

3）按位取反、-、自增自减等单目运算符和赋值运算符是右结合的。

4. 类型转换

1）自动类型转换：字节数少的类型往字节数多的类型转换，低精度类型往高精度类型转换。

2）强制类型转换。

【案例分析与实现】

综合案例：定义多个变量用来记录两个学生的学号、性别、英语成绩、高等数学成绩、计算机成绩的信息，计算他们的平均成绩并将相关信息输出。

案例分析：学生的学号、英语成绩、高等数学成绩、计算机成绩一般都是整数，可以用基本整型来表示。学生的性别可以用字符“M”表示男生，字符“F”表示女生，因此性别可以用字符类型来表示。若平均成绩以小数形式来处理的话，可以用实型来表示。这些学生的信息都是未知的数据，因此都作为变量来处理。

案例实现：

```
#include <stdio.h>
void main()
{
    int Stu_No1,Stu_Eng1,Stu_Math1,Stu_Com1;
    int Stu_No2,Stu_Eng2,Stu_Math2,Stu_Com2;
    char Stu_Sex1,Stu_Sex2;
    float Stu_Aver1,Stu_Aver2;
    Stu_No1 =1401001;Stu_Sex1 ='M';
```

```
    Stu_ Eng1 =75; Stu_ Math1 =80; Stu_ Com1 =89;
    Stu_ No2 =1401002; Stu_ Sex2 ='F';
    Stu_ Eng2 =80; Stu_ Math2 =78; Stu_ Com2 =76;
    Stu_ Aver1 = (Stu_ Eng1 +Stu_ Math1 +Stu_ Com1) /3.0;
    Stu_ Aver2 = (Stu_ Eng2 +Stu_ Math2 +Stu_ Com2) /3.0;
    printf (" 学号\t 性别\t 英语\t 高数\t 计算机\t 平均成绩\n");
    printf ("%d\t%c\t%d\t%d\t%d\t%f\n", Stu_ No1, Stu
_ Sex1, Stu_ Eng1, Stu_ Math1, Stu_ Com1, Stu_ Aver1);
    printf ("%d\t%c\t%d\t%d\t%d\t%f\n", Stu_ No2, Stu
_ Sex2, Stu_ Eng2, Stu_ Math2, Stu_ Com2, Stu_ Aver2);
}
```

习　　题

1. 以下不正确的C语言标识符是（　　）。

A）AB1　　B）a2_b　　C）_ab3　　D）4ab

2. 下面程序为变量x、y、z赋初值2.2，然后在屏幕上打印这些变量的值。程序中存在错误，请改正错误，并写出程序的正确运行结果。

```
#include <stdio.h>
void main()
{
    int x=y=2.2;
    printf("x=%d\n",X);
    printf("y=%d\n",Y);
    printf("z=%d\n",Z);
}
```

3. 分析并写出下列程序的运行结果。

(1)

```
#include <stdio.h>
void main()
{
    int a=12,b=3;
    float x=18.5,y=4.6;
    printf("%d\n",(float)(a* b)/2);
    printf("%d\n",(int)x%(int)y);
}
```

(2)

```
#include <stdio.h>
void main()
```

```
{
    int a=32, b=81, p, q;
    p=a++;
    q=--b;
    printf ("%d %d \n", p, q);
    printf ("%d %d \n", a, b);
}
```

4. 编写一个程序，从键盘输入学生的3门课成绩，求其平均成绩。

5. 编写一个程序，求华氏温度150°F对应的摄氏温度。计算公式如下，其中c表示摄氏温度，f表示华氏温度。

$$c=\frac{5(f-32)}{9}$$

第3章 简单程序设计

学习要点

1. 字符数据输入/输出函数
2. 标准格式输入/输出函数
3. 顺序结构程序设计

导入案例

案例：信息的输入及规范格式输出

案例1：从键盘输入两位同学的姓名、性别、学号、英语成绩、高等数学成绩和计算机成绩的信息，计算出总分，并输出到屏幕，如图3-1所示。

Name	Sex	ID	English	Math	Computer	Sum
kevin	M	2010483	89.00	68.00	87.00	244.00
Lily	F	2010528	87.00	65.00	93.00	245.00

图3-1 学生信息输出

分析：已知学生的信息，如何将这些信息输入到计算机？计算机读取运行后，如何将运算结果按照一定的格式输出出来呢？

案例2：打印出如图3-2所示的菜单。

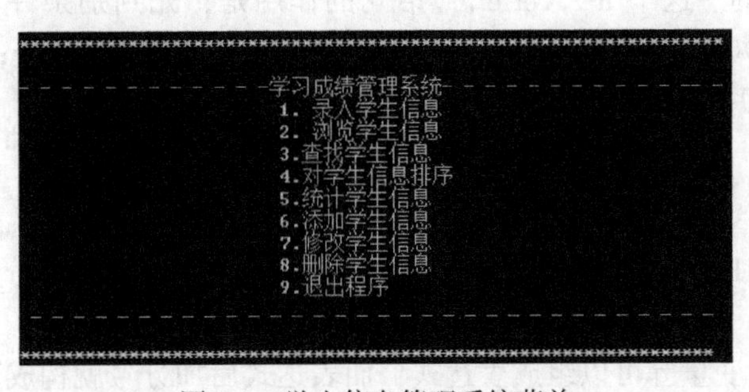

图3-2 学生信息管理系统菜单

分析："打印"也就是输出显示，如何将一些信息原样显示出来呢？

由上述两个案例可知，若要将信息输入到计算机中必须通过编程，由程序按一定的逻辑顺序完成相应的指令后，最终才能在屏幕上显示输出的信息。在前面的章节中已经讲述了结构化程序的基本概念和基本结构，知道C语言并没有自己的输入/输出语句，那么就必须要借助输入/输出函数。

由本章开始，对程序的三种基本结构展开讨论。本章主要介绍顺序结构的程序设计，包括C语言语句概述、C语言程序结构、程序的输入和输出等。

3.1 C语言语句

C语言程序的基本组成单位是函数，而函数由语句构成，所以语句是C语言程序的基本组成要素。语句能完成特定操作，语句的有机组合能实现指定的计算处理功能。语句末必须有一个分号作为结束，分号是C语言语句的组成部分。

C语言中的语句分为以下5类。

1. 控制语句

控制语句用于完成一定的控制功能。C语言有9种控制语句，它们的形式如下。

1）if（）...else...：条件语句。

2）for（）...：循环语句。

3）while（）...：循环语句

4）do...while（）：循环语句。

5）continue：结束本次循环语句。

6）break：中止执行switch或循环语句。

7）switch：多分支选择语句。

8）return：从函数返回语句。

9）goto：转向语句，在结构化程序中基本不用goto语句。

上面9种语句表示形式中的（）表示括号中是一个“判别条件”，“...”表示内嵌的语句。

例如，“if（）...else...”的具体语句可以写成：

```
if(x>y)  z-x; else  z-y;
```

其中x>y是一个判别条件，“z-x;”和“z-y;”是C语言语句，这两个语句是内嵌在if...else...语句中的。这个if...else...语句的作用是，先判别条件“x>y”是否成立，如果x>y成立，就执行内嵌语句“z-x;”，否则就执行内嵌语句“z=y;”。

2. 函数调用语句

函数调用语句由一个函数调用加一个分号构成，例如：

```
printf(“This is a c statement.”);
```

其中printf（“This is a c statement.”）是一个函数调用，加一个分号成为一条语句。

3. 表达式语句

运算符、常量、变量等可以组成表达式，而表达式后加分号就构成表达式语句。

例如，max=a是赋值表达式，而max=a;就构成了赋值语句；printf（"%d"，a）是函数表达式，而printf（"%d"，a）;是函数调用语句。

x+y是算术表达式，而x+y;是语句。尽管x+y;无实际意义，实际编程中并不采用它，但x+y;的确是合法语句。

4. 复合语句

用一对大括号括起来的一条或多条语句，称为复合语句。复合语句的一对大括号中无论有多少语句，复合语句只视为一条语句。例如，{t = a; a = b; b = t;} 是复合语句，是一条语句，所以执行复合语句实际是执行该复合语句一对大括号中的所有语句。注意，复合语句的“}”后面不能随便加分号，要注意语句语法的正确性，而“}”前复合语句中最后一条语句的分号不能省略。

5. 空语句

空语句由一个分号组成，它表示什么操作也不做。从语法上讲，它的确是一条语句。在程序设计中，若某处从语法上需要一条语句，而实际上不需要执行任何操作时就可以使用它。例如，在设计循环结构时，有时用到空语句。

3.2 C语言程序结构简介

下面介绍几个最简单的C语言程序。

【例3-1】 要求在屏幕上输出以下一行信息。

This is a C program.

分析：在主函数中，用printf函数原样输出以上文字。

参考程序如下：

```
#include <stdio.h>                          //这是编译预处理指令
int main()                                  //定义主函数
{                                           //函数开始的标志
    printf("This is a C program.\n");       //输出所指定的一行信息
    return 0;                               //函数执行完毕时返回函数值0
}
```

运行结果如图3-3所示。

```
This is a C program.
Press any key to continue
```

图3-3 例3-1运行结果

说明：C语言允许用两种注释方式。

1）以//开始的单行注释。如上介绍的注释，这种注释可以单独占一行，也可以出现在一行中其他内容的右侧。此种注释的范围从//开始，以换行符结束，也就是说这种注释不能跨行。如果注释内容一行内写不下，可以用多个单行注释，如下面两行是连续的注释行。

//如注释内容一行内写不下

//可以在下一行重新用“//”，然后继续写注释。

2）以/*开始，以*/结束的块式注释。这种注释可以包含多行内容。它可以单独占一行（在行开头以/*开始，行末以*/结束），也可以包含多行。编译系统在发现一个/*后，会开始找注释结束符*/，把二者间的内容作为注释。

【例3-2】 求两个整数之和。

分析：设置3个变量，a和b用来存放两个整数，sum用来存放数据和。用赋值运算符“=”把相加的结果传送给sum。

参考程序如下：

```
#include <stdio.h>                      //这是编译预处理指令
int main()                              //定义主函数
{                                       //函数开始
    inta,b,sum;                         //本行是程序的声明部分,定义 a、b、
                                          sum 为整型变量
    a =123;                             //对变量 a 赋值
    b =456;                             //对变量 b 赋值
    sum =a +b;                          //进行 a +b 的运算,并把结果存放
                                          在变量 sum 中
    printf("sum is %d \n",sum);         //输出结果
    return 0;                           //使函数返回值为 0
}
```

运行结果如图 3-4 所示。

```
sum is 579
Press any key to continue
```

图 3-4　例 3-2 运行结果

【例 3-3】 求两个整数中的较大者。

分析：用一个函数来实现求两个整数中的较大者。在主函数中调用此函数并输出结果。参考程序如下：

```
#include <stdio.h>
//主函数
int main()                              //定义主函数
{                                       //主函数体开始
   int max(int x,int y);                //对被调用函数 max 的声明
   int a,b,c;                           //定义变量 a、b、c
   scanf("%d,%d",&a,&b);                //输入变量 a 和 b 的值
   c =max(a,b);                         //调用 max 函数,将得到的值赋给 c
   printf("max =%d \n",c);              //输出 c 的值
   return 0;                            //返回函数值为 0
}                                       //主函数体结束
//求两个整数中的较大者的 max 函数
int max(int x,int y)                    //定义 max 函数,函数值为整型,形式
                                          参数 x 和 y 为整型
{
   int z;                               //max 函数中的声明部分,定义本函
                                          数中用到的变量 z 为整型
   if(x >y)z =x;                        //若 x >y 成立,将 x 的值赋给变量 z
```

```
    else z=y;                        //否则(x>y不成立),将y的值赋
                                       给变量z
    return(z);                       //将z的值作为max函数值,返回到
                                       调用max函数的位置
}
```

运行结果如图3-5所示。

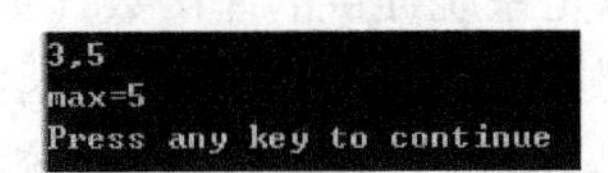

图3-5　例3-3运行结果

由上面的例子可以看出，对于一个C语言的结构来讲：

1）一个程序由一个或多个源程序文件组成。

一个规模较小的程序，往往只包括一个源程序文件，如例3-1和例3-2是一个源程序文件，其中只有一个函数（main函数），例3-3中有两个函数，属于同一个源程序文件。在一个源程序文件中可以包括以下3个部分。

① 预处理指令：如#include <stdio.h>（还有一些其他预处理指令，如#define等）。C编译系统在对源程序进行“翻译”以前，先由一个“预处理器”（也称“预处理程序”、“预编译器”）对预处理指令进行预处理，对于#include <stdio.h>指令来说，就是将stdio.h头文件的内容读进来，放在#include指令行。由预处理得到的结果与程序其他部分一起，组成一个完整的、可以用来编译的最后的源程序，然后由编译程序对该源程序正式进行编译，才得到目标程序。

② 全局声明：在函数之外进行的数据声明。例如，可以把例3-2程序中的“int a,b,sum;”放到main函数的前面，这就是全局声明，在函数外面声明的变量称为全局变量。如果是在程序开头（定义函数之前）声明的变量，则在整个源程序文件范围内有效。在函数内部声明的变量是局部变量，只在函数范围内有效。关于全局变量和局部变量的概念和用法见本书第7章。在本章的例题中没有用全局声明，只使用了在函数中定义的局部变量。

③ 函数定义：如例3-1、例3-2和例3-3中的main函数和例3-3中的max函数，每个函数用来实现一定的功能。在调用这些函数时，会完成函数定义中指定的功能。

2）函数是C语言程序的主要组成部分。

程序的几乎全部工作都是由各个函数分别完成的，函数是C语言程序的基本单位，在设计良好的程序中，每个函数都用来实现一个或几个特定的功能。编写C语言程序的工作主要就是编写一个个函数。

一个C语言程序是由一个或多个函数组成的，其中必须包含一个main函数（且只能有一个main函数）。例3-1和例3-2中的程序只由一个main函数组成。例3-3程序由一个main函数和一个max函数组成。它们组成一个源程序文件，在进行编译时对整个源程序文件统一进行编译。

一个小程序只包含一个源程序文件，在一个源程序文件中包含若干个函数（其中有一个main函数）。当程序规模较大时，所包含的函数的数量较多，如果把所有的函数都放在同

一个源程序文件中，则此文件显得太大，不便于编译和调试。为了便于调试和管理，可以使一个程序包含若干个源程序文件，每个源程序文件又包含若干个函数。一个源程序文件就是一个程序模块，即将一个程序分成若干个程序模块。

在进行编译时是以源程序文件为对象进行的。在分别对各源程序文件进行编译并得到相应的目标程序后，再将这些目标程序连接成为一个统一的二进制的可执行程序。

C 语言的这种特点使得容易实现程序的模块化。

在程序中被调用的函数，可以是系统提供的库函数（如 printf 和 scanf 函数），也可以是用户根据需要自己编制设计的函数（如例 3-3 中的 max 函数）。C 语言的库函数十分丰富，ANSI C 提供了大量的标准库函数。不同的 C 语言编译系统除了提供标准库函数外，还增加了其他一些专门的库函数，如 Turbo C 提供 300 多个库函数。不同编译系统所提供的库函数个数和功能是不完全相同的。

3）一个函数包括两个部分。

① 函数首部：函数的第 1 行，包括函数类型、函数名、函数参数（形式参数）名、参数类型。

例如，例 3-3 中的 max 函数的首部为：

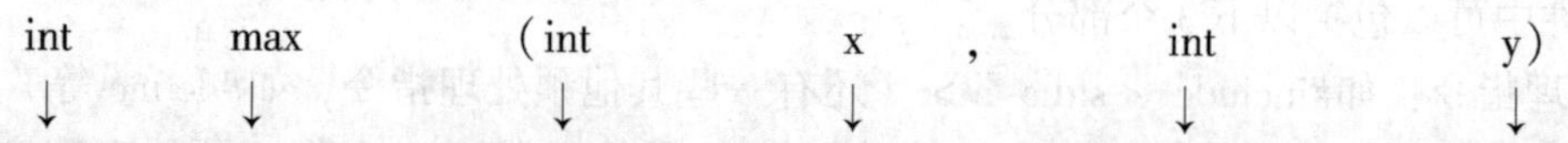

函数类型　函数名　函数参数类型　函数参数名　函数参数类型　函数参数名

一个函数名后面必须跟一对圆括号，括号内写函数的参数名及其类型。如果函数没有参数，可以在括号中写 void，也可以是空括号。例如：

```
int main( void)
```

或

```
int main()
```

② 函数体：函数首部下面的大括号内的部分，如例 3-3 中 int main（）下的一对大括号内的代码。如果在一个函数中包含有多层花括号，则最外层的一对花括号是函数体的范围。

函数体一般包括以下两部分。

声明部分：包括定义在本函数中所用到的变量，如例 3-3 在 main 函数中定义变量“int a,b,c;”；对本函数所调用函数进行声明，如例 3-3 在 main 函数中对 max 函数的声明“int max（int x,int y）;”。

执行部分：由若干个语句组成，指定在函数中所进行的操作。

在某些情况下也可以没有声明部分（如例 3-1），甚至可以既无声明部分也无执行部分。例如：

```
void dump()
{ }
```

它是一个空函数，什么也不做，但这是合法的。

4）程序总是从 main 函数开始执行的，不论 main 函数在整个程序中的位置如何（main 函数可以放在程序最前头，也可以放在程序最后，或在一些函数之前、另一些函数之后）。

5）程序中对计算机的操作是由函数中的 C 语言语句完成的，如赋值、输入/输出数据的操作都是由相应的C语言语句实现的。C语言程序书写格式是比较自由的，一行内可以写几条语句，一条语句也可以写在多行，但为清晰起见，习惯上每行只写一条语句。

6）在每个数据声明和语句的最后必须有一个分号。分号是C语言语句的必要组成部分，如c=a+b;，其中的分号是不可缺少的。

7）C语言本身不提供输入/输出语句。输入和输出的操作可以由库函数scanf和printf等来完成。C语言对输入/输出实行“函数化”。由于输入/输出操作涉及具体的计算机设备，把输入/输出操作用库函数实现，就可以使C语言本身的规模较小，编译程序简单，很容易在各种机器上实现，程序具有可移植性。

8）程序应当包含注释。一个好的、有使用价值的源程序都应当加上必要的注释，以增加程序的可读性。

3.3 数据输入与输出

一般C语言程序总可以分成3部分：输入原始数据部分、计算处理部分和输出结果部分。有些高级语言提供了输入和输出语句，而C语言无输入/输出语句。为了实现输入和输出功能，在C语言的库函数中提供了一组输入/输出函数，其中scanf和printf函数是针对标准输入/输出设备（键盘和显示器）进行格式化输入/输出的函数，而getchar和putchar是专门对单个字符进行输入/输出的函数。由于它们在文件“stdio. h”中定义，所以如果要使用它们，应使用编译预处理命令# include "stdio. h" 将该头文件包含到程序文件中。

3.3.1 字符数据的输入与输出

1. 字符数据的输入函数

调用形式：getchar（）;。

功能：从键盘读入一个字符。

说明：getchar后的一对括号内无参数，但括号不能省略。例如，ch=getchar（）;，表示从键盘读取一个字符并赋给字符变量ch。

设有程序段：char ch;

```
ch=getchar（）;
putchar（ch）;putchar（ch+32）;
```

执行该程序段时，若输入A，则输出Aa。

2. 字符数据的输出函数

调用形式：putchar（ch）;。

功能：在屏幕上输出ch字符的值。

说明：ch是字符常量或字符变量。例如，putchar('A');，将在屏幕上输出大写字母A。

设有程序段：char c1，c2='h'，c3，c4，c5;

```
c1=c2 -5 -32;        /*c2 -5是小写字母c，c2 -5 -32是大写字母C*/
c3=c2 +1;            /*c2 +1是小写字母i*/
c4=c2 +6;            /*c2 +6是小写字母n*/
c5=c2 -7;            /*c2 -7是小写字母a*/
```

putchar（c1）；　putchar（c2）；　putchar（c3）；

putchar（c4）；putchar（c5）；

执行该程序段可以输出：China。

3.3.2　格式化输出函数 printf

printf 函数的调用形式：

printf（格式字符串，输出项表）；

功能：按格式字符串中的格式依次输出输出项表中的各输出项。

说明：字符串是用双引号括起的一串字符，如“China”。格式字符串用来说明输出项表中各输出项的输出格式。输出项表列出要输出的项（常量、变量或表达式），各输出项之间用逗号分开。若输出项表不出现，且格式字符串中不含格式信息，则输出的是格式字符串本身。因此，实际调用时有以下两种形式。

形式 1：printf（字符串）；。

功能：按原样输出字符串。

形式 2：printf（格式字符串，输出项表）；。

功能：按格式字符串中的格式依次输出输出项表中的各输出项。

例如：printf（" How are you \ n"）；。

输出：How are you 并换行。“\ n” 表示换行。

又如：printf（" r = %d，s = %f \ n"，2，3.14 * 2 * 2）；。

输出：r = 2，s = 12.560000。用格式% d 输出整数 2，用% f 输出 3.14 * 2 * 2 的值 12.56，%f 格式要求输出 6 位小数，故在 12.56 后面补 4 个 0。“r =”、“，” 和 “s =” 不是格式符，按原样输出。

格式字符串中有两类字符：

1. 非格式字符

非格式字符（或称普通字符）一律按原样输出，如上例中“r =”、“s =” 等。

2. 格式字符

格式字符的形式：%［附加格式说明符］格式符，如% d、% 10.2f 等。其中，% d 格式符表示用十进制整型格式输出，而%f 表示用实型格式输出；附加格式说明符 “10.2” 表示输出宽度为 10，输出 2 位小数。常用的格式符见表 3-1，常用的附加格式说明符见表 3-2。

表 3-1　格式符

格式符	功能
d	输出带符号十进制整数
o	输出无符号八进制整数（无前缀 0）
x	输出无符号十六进制整数（无前缀 0x）
u	输出无符号整数
c	输出单个字符
s	输出一个字符串
f	输出实数（含 6 位小数）
e	以指数形式输出实数（尾数含 1 位整数，6 位小数，指数至多 3 位）
g	选用 f 与 e 格式中输出宽度较小的格式，且不输出无意义 0

表 3-2　附加格式说明符

附加格式说明符	功　　能
-	数据左对齐输出，无-时默认右对齐输出
m（m 为正整数）	数据输出宽度为 m
. n（n 为正整数）	对实数，n 是输出的小数位数；对字符串，n 表示输出前 n 个字符
l	ld 输入/输出 long 型数据，lf、le 输入/输出 double 型数据

注意，格式符必须用小写字母，否则无效。例如，printf("%D,%%d",10,12);，输出%D,%d，而不是10,12。

【例 3-4】 分析程序的执行结果。

```
#include "stdio.h"
void main()
{
int a=16;
char e='A';
unsigned b;
long c;
float d;
b=65535;
c=123456;
d=123.45;
printf("a=%d,%4d,%-6d,c=%d\n",a,a,a,c);
printf("%o,%x,%u%d\n",b,b,b,b);
printf("%f,%e,%13.3e,%g\n",d,d,d,d);
printf("%c,%s,%7.3s\n",e,"China","Beijing");
}
程序执行结果:(口表示空格)
a=16,口口16,16口口口口,c=-7616
177777,ffff,65535,-1
123.450000,1.234500e+002,口口口1.235e+002,123.45
A,China,口口口口Bei
```

"a="和"c="都是非格式字符，故照原样输出。用%d 输出 a 的值，按实际位数输出；用%4d 输出 a 的值，宽度为 4，a 的值为 16，只占 2 位，右对齐输出 16，左边补两个空格；用%-6d 输出 a 的值，左对齐，宽度为 6，故右补 4 个空格。c 的输出显然不正确，这是因为 c 是 long 型，应使用%ld 格式符，但例中采用%d，故输出错误结果。unsigned 型数据在内存中占 2 个字节，65535 是 unsigned 型数据最大值，故 b 的值在内存中存放形式是 16 个 1。

二进制：1 1 1 1 1 1 1 1 1 1 1 1 1 1 1 1

八进制：1　7　7　　7　7　7

十六进制：f　　f　　f　　f

%o格式是按八进制形式输出b，应是177777；而%x格式按十六进制形式输出b，故输出ffff；按%u格式输出自然是65535；若按%d格式输出，则输出-1，这是因为%d是带符号的十进制整型格式符，而b在内存中的存放形式是16个1，它是-1的补码，所以b按%d格式输出是-1。变量d的值为123.45，按%f格式输出时，小数位默认为6位，所以右补4个0，即123.450000；%e格式输出形式如下：

```
* .****** e±* * *
```

用*表示占位符，即1位整数，6位小数，3位指数，所以输出1.234500e+002，不同C语言系统%e格式有微小的差别。例如，在Turbo C中输出d的值为1.23450e+02，%e格式中小数位为5位，指数位不足3位时只输出2位。

%g格式实际是选择%f和%e格式中宽度较小者且不输出其中无意义0的格式。因为用%f格式输出d，占10位，而用%e格式占13位，所以选择%f格式，应输出123.450000，小数最后4个0是无意义的，不输出。所以用%g格式输出d的值，实际输出123.45。

最后一行按%c格式输出字符“A”；按%s格式输出完整字符串“China”；用%7.3s格式输出“Beijing”，这里的“7”指输出宽度，“.3”表示输出“Beijing”的前3个字符，所以输出“Bei”。

3.3.3 格式化输入函数scanf

与格式化输出函数printf相对应的是格式化输入函数scanf。

scanf函数的调用形式：

scanf（格式字符串，输入项地址表）；

功能：按格式字符串中规定的格式，在键盘上输入数据，并依次赋给各输入项。

请注意，输入项以其地址形式出现，而不是输入项名称。

scanf函数中格式字符串的构成与printf函数基本相同，但使用时有以下不同点。

1）附加格式说明符m可以指定数据宽度，但不允许使用附加格式说明符.n（如用.n规定输入的小数位数）。

例如，scanf("%10.2f,%10f,%f",&a,&b,&c);，其中%10.2f是错误的。

2）输入long型数据必须用%ld，输入double数据必须用%lf或%le。

3）附加格式说明符“*”使对应的输入数据不赋给相应变量。

设double a;int b;float c;

scanf(“%f,%2d,%*d,%5f”,&a,&b,&c);

在键盘上输入：5.3,12,456,1.23456↙（↙表示回车）

输入后，a的值为0，b的值为12，c的值为1.234。a的值不正确，原因是格式符用错了。a是double型，所以输入a用%lf或%le，用%f是错误的。%*d对应的数据是456，因此456实际未赋给c变量，把1.23456按%5f格式截取1.234赋给c。

关于输入方法：

1. 非格式字符按原样输入

```
scanf("%d,%d",&a,&b);
```

若输入序列为：12，13↙

则：a=12，b=13

若输入序列为：12口13（口表示空格）

则：a=12，而b的值不确定。这是因为格式串中的逗号是非格式字符，要照原样输入。

2. 按格式截取输入数据

```
scanf("%f,%4d",&a,&b);
```

若输入序列为：1.23，12345↙

则：a=1.23，b=1234。虽然输入的是12345但%4d宽度为4位，截取前4位，即1234。

3. 输入数据的结束

输入数据时，表示数据结束有下列3种情况。

1）从第一非空字符开始，遇空格、跳格（Tab键）或回车；

2）遇宽度结束；

3）遇非法输入。

设 int a,b,d;char c;

```
scanf("%d%d%c%3d",&a,&b,&c,&d);
```

输入序列为：10口11A12345↙

则：a=10,b=11,c=A,d=123

10后的空格（口表示空格）表示数据10的结束；11后遇字符A，对数值变量b而言是非法的，故数字11到此结束；而字符A对应变量c；最后一个数据对应的宽度为3，故截取12345前3位123。注意，输入b数据11后不能用空格结束，这是因为下一个数据为一字符，而空格也是字符，将被变量c接受，c的值不是“A”而是空格。

3.4 知识点强化与应用

运用C语言编程求解问题的一般步骤如下：

1）定义变量并输入信息。一般，给所需要的信息定义变量名，根据需要，可以给变量赋初值，也可以从键盘中输入变量值。要注意的是，一定要先定义变量。

2）运用算法解决问题。分析问题，得出要解决问题的步骤。

3）输出信息。运行后，将结果显示出来。

【例3-5】 设变量x=10.2，y=20.5，编程序实现两个变量的值互换。

分析：怎样才能实现x、y值的互换？若用程序段：x=y;y=x;，执行x=y;后，x的值10.2已经丢失，由y的值20.5取而代之，再执行y=x;时，赋给y的不是x原来的值10.2，而是x的新值20.5，所以，执行后x、y的值均为20.5。这里失败的原因在于一开始x值的丢失，因此，应该先把x的值保存在另一变量t中，即t=x;，执行x=y;时，虽然x的值被y的值取代，但x的值事先已经保存在另一变量t中，所以用y=t;就可以把原x的值赋给y，从而实现x、y值的互换。

参考程序如下：

```
#include <stdio.h>
void main()
{
    double x,y,t;
    printf("Enter x and y:\n");
    scanf("%lf%lf",&x,&y);
    t=x;
    x=y;
    y=t;
    printf("x=%lf,y=%lf\n",x,y);
}
```

运行程序：

```
  Enter x and y:
```

输入：12.34口34.12↙（↙表示回车，口表示空格）

输出：x=34.120000,y=12.340000

第一个 printf 函数输出的是提示信息，提醒用户输入 x 和 y 的值；x、y 值交换后用%lf 格式输出 x 和 y 的值(输出 double 型数据可以用%f 格式,但输入 double 型数据必须用%lf 或%le 格式)。在格式字符串中用“x=”、“y=”是为了对输出的数据进行说明，使输出数据更明确。

【例 3-6】 求 $ax^2+bx+c=0$ 方程的根。a、b、c 由键盘输入，设 $b^2-4ac>0$。

分析：首先要知道求方程式的根的方法。由数学知识已知，如果 $b^2-4ac\geqslant0$，则一元二次方程有两个实根：

$$x1=\frac{-b+\sqrt{b^2-4ac}}{2a},\ x2=\frac{-b-\sqrt{b^2-4ac}}{2a}$$

可以将上面的分式分为两项：

$$p=\frac{-b}{2a},\ q=\frac{\sqrt{b^2-4ac}}{2a}$$

则：

$$x1=p+q,\ x2=p-q$$

有了这些式子，只要知道 a、b、c 的值，就能顺利地求出方程的两个根。

剩下的问题就是输入 a、b、c 的值和输出根的值了。需要用 scanf 函数输入 a、b、c 的值，用 printf 函数输出两个实根的值。

参考程序如下：

```
#include <stdio.h>
#include <math.h>                        //程序中要调用求平方根函
                                           数 sqrt
void main()
{
```

```
    double a,b,c,disc,x1,x2,p,q;                //disc 用来存放判别式(b
                                                  * b -4* a* c)的值
    scanf("%lf%lf%lf",&a,&b,&c);                //输入双精度型变量的值要
                                                  用格式声明"%lf"
disc =b* b -4* a* c;
    p = -b/(2.0* a);
    q =sqrt(disc)/(2.0* a);
    x1 =p +q;x2 =p -q;                          //求出方程的两个根
    printf("x1 =%7.2f \nx2 =%7.2f \n",x1, x2);  //输出方程的两个根
}
```

运行结果如图3-6所示。

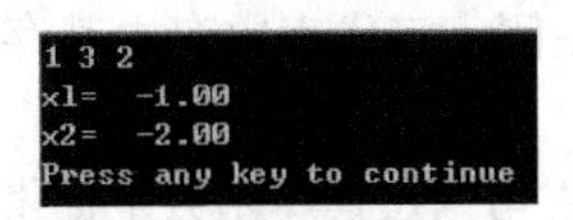

图3-6　例3-6运行结果

注意在输入数据时，1、3、2这3个数之间用空格分隔，最后按回车键。

程序分析：

1）用scanf函数输入a、b、c的值，请注意在scanf函数中括号内变量a、b、c的前面要用地址符&，即&a、&b、&c。&a表示变量a在内存中的地址。该scanf函数表示从终端输入的3个数据分别送到地址为&a、&b、&c的存储单元，也就是赋给变量a、b、c。双撇号内用%lf格式声明，表示输入的是双精度型实数。

2）在scanf函数中，格式声明为“%Lf%lf%lf”，连续3个“%lf”，要求输入3个实数。注意在程序运行时应怎样输入数据。从上面运行情况中可以看到输入“1 3 2”，两个数之间用空格分开。这是正确的，如果用其他符号（如逗号）会出错。输入的是整数，但由于指定用%lf格式输入，因此系统会先把这3个整数转换成实数1.0、3.0、2.0，然后赋给变量a、b、c。

3）在printf函数中，不是简单地用%f格式声明，而是在格式符f的前面加了“7.2”，表示在输出x1和x2时，指定数据占7位，其中小数占2位。请分析运行结果。这样做的好处：①可以根据实际需要来输出小数的位数，因为并不是任何时候都需要6位小数的，如价格只须2位小数即可（第3位按四舍五入处理）；②如果输出多个数据，各占一行，而用同一个格式声明（如%7.2f），即使输出的数据整数部分值不同，但输出时上下行必然按小数点对齐，使输出数据整齐美观。读者可自己试一下。

4）在本例中假设给定的a、b、c的值满足$b^2-4ac>0$，所以程序不对此进行判断。而实际上，用所输入的a、b、c并不一定能求出两个实根。因此为安全起见，应在程序的开头检查b^2-4ac是否大于等于0。只有确认它大于等于0，才能用上述方法求方程的根。在学习了下一章后，就可以用if语句来进行检查了。

3.5 小结

C语言程序是由一个或多个函数组成的，其中有且仅有一个主函数main。C语言程序是从主函数main开始执行的，所以主函数必须唯一。构成C语言程序的函数既可以放在一个源文件中，也可以分布在若干源文件中，但最终要编译连接成一个可执行程序（文件扩展名为.exe）。

C语言程序的基本组成单位是函数，而函数由语句组成。C语言中，语句可分为流程控制语句（有if等9种）、表达式语句、复合语句和空语句4类。流程控制语句又分选择类、循环类和控制转移类。表达式后跟一个分号构成表达式语句。用大括号括起的一条或多条语句称为复合语句，它在语法上被看作一条语句。空语句由一个分号构成，常用在那些语法上需要一条语句，而实际上并不需要任何操作的场合。

C语言程序中使用频率最高、也是最基本的语句是赋值语句，它是一种表达式语句。应当注意的是，赋值运算符"="左侧一定代表内存中某存储单元，通常是变量，a+b=12；是错误的。

C语言中没有提供输入/输出语句，在其库函数中提供了一组输入/输出函数。本章介绍的是其中对标准输入/输出设备进行输入/输出的函数：getchar、putchar、scanf和printf。适当使用格式，能使输入整齐、规范，使输出结果清楚而美观。

本章介绍的语句和函数可以进行顺序结构程序设计。顺序结构的特点是结构中的语句按其先后顺序执行。若要改变这种执行顺序，需要设计选择结构和循环结构。

【案例分析与实现】

案例1：从键盘输入两个同学的姓名、性别、学号、英语成绩、高等数学成绩、计算机成绩的信息，计算出总分，并将其按照图3-1的格式输出到屏幕。

分析：已知学生的信息，如何将这些信息输入计算机？计算机读取运行后，如何将运算结果按照一定的形式显示出来呢？首先需要给每个信息定义一个变量名，从键盘中借助输入函数输入学生的姓名、性别、学号、英语成绩、高等数学成绩、计算机成绩的信息；然后利用赋值表达式总分=英语成绩+高等数学成绩+计算机成绩，计算出总分；最后借助输出函数scanf输出需要显示的格式形式。

参考程序如下：

```
#include <stdio.h>
void main()
{
    char name1[20],name2[20];
    long id1,id2;
    char sex1,sex2;
    float math1,math2;
    float english1,english2;
    float computer1,computer2;
    float sum1,sum2;
```

```
    printf("请输入第1个学生的姓名:");
    scanf("%s",name1);
    printf("请输入第1个学生的性别:");
    getchar();
    scanf("%c",&sex1);
    printf("请分别输入第1个学生的学号、英语成绩、数学成绩、计算机成绩:");
    scanf("%7d%f%f%f",&id1,&english1,&math1,&computer1);
    printf("请输入第2个学生的姓名:");
    scanf("%s",name2);
    printf("请输入第2个学生的性别:");
    getchar();
    scanf("%c",&sex2);
    printf("请分别输入第2个学生的学号、英语成绩、数学成绩、计算机成绩:");
    scanf("%7d%f%f%f",&id2,&english2,&math2,&computer2);
    sum1 =english1 +math1 +computer1;
    sum2 =english2 +math2 +computer2;
    printf("==================================================================================\n");
    printf("Name    Sex     ID    English    Math     Computer    Sum\n");
    printf("==================================================================================\n");
    printf("%-5s\t%c\t%ld\t%-2.2f\t%8.2f\t%.2f\t%.2f\t\n",name1,sex1,id1,english1,math1,computer1,sum1);
    printf("%-5s\t%c\t%ld\t%-2.2f\t%8.2f\t%.2f\t%.2f\t\n",name2,sex2,id2,english2,math2,computer2,sum2);
    printf("==================================================================================\n");
}
```

思考

1）程序中的 getchar（）有什么作用?

2）是否有更为简洁的语句结构来输入两个同学的姓名、性别、学号、英语成绩、高等数学成绩、计算机成绩的信息?

案例2：打印出图3-2所示的菜单。

分析："打印"也就是输出显示，如何将一些信息原样显示出来呢?需要借助输出函数 printf 输出一定的格式。

参考程序如下：

```
#include <stdio.h>
void main()
{
    printf("*******************************************************
*********\n\n");
    printf("------------学习成绩管理系统-------------\n");
    printf("\t\t\t1. 录入学生信息\n");
    printf("\t\t\t2. 浏览学生信息\n");
    printf("\t\t\t3. 查找学生信息\n");
    printf("\t\t\t4. 对学生信息排序\n");
    printf("\t\t\t5. 统计学生信息\n");
    printf("\t\t\t6. 添加学生信息\n");
    printf("\t\t\t7. 修改学生信息\n");
    printf("\t\t\t8. 删除学生信息\n");
    printf("\t\t\t9. 退出程序\n");
    printf(" ___________________________________\n\n");
    printf("*******************************************************
*************\n");
}
```

思考

1）注意分清哪些是原样输出，哪些是按照一定的格式输出。

2）<stdio. h>是否可以改写为"stdio. h"？

习　题

1. 输入三角形的三边长，求三角形面积。已知三角形的三边长 a、b、c，则该三角形的面积公式为 $area=\sqrt{s(s-a)(s-b)(s-c)}$，其中 $s=(a+b+c)/2$。

2. 输入一个数，求该数个位、十位及百位上的数之和。

3. 已知圆的半径为 5，求该圆的周长和面积。

4. 输入两个整数，求它们的和、差、积、商以及余数。

5. 从键盘上输入一个小写字母，将其本身及相对应的大写字母输出。（提示：利用字母的 ASCII 编码大小关系，如：大写 A 的编码是 65，小写 a 是 97。）

6. 已知球的半径，计算球体体积。

第4章 选择结构程序设计

学习要点

1. 关系运算符、关系表达式、逻辑运算符、逻辑表达式
2. if 语句
3. switch 语句

导入案例

案例：根据给定的条件，执行不同的操作

若系统显示如图4-1所示的操作菜单，用户根据需要进行的操作输入相应的数字后，系统按照对应的功能进行执行。

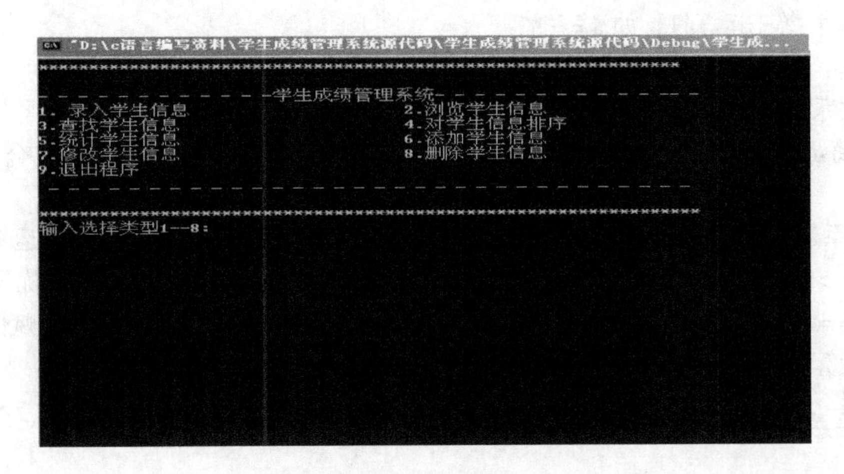

图4-1 选择结构程序设计案例

选择结构是结构化程序设计中的三种基本结构之一，是程序设计中常用的一种结构。前面介绍的顺序结构里，程序中的所有语句按照书写顺序依次执行，而在日常生活，处理事情的顺序并不都是按部就班地进行，有时要根据某些条件进行选择。比如，在学生成绩管理系统中，就存在这样的问题。

在本案例中，用户根据自己的需要进行功能的选择，在某一时刻只能选择其中一种功能。比如，用户需要“录入学生信息”功能时，就要输入数字1进行选择；用户需要“修改学生信息”功能时，就要输入数字7进行选择。依此类推，用户需要执行图4-1所示九种功能中的某一种功能时，就要输入某一功能前所对应的数字进行选择。

在程序设计中，上述功能的选择就需要用选择结构来实现。选择结构的作用是根据所给条件的真假，决定程序的运行途径。在上述案例中，“相应的数字”是控制条件，它的作用是决定程序的流程。如果输入数字1，就执行“录入学生信息”的功能；如果输入数字3，就执行“查找学生信息”的功能。依此类推，选择结构结束后，再执行下面的语句。

如何表示条件呢？这就要学习C语言的关系运算符和逻辑运算符及其对应的表达式，C语言有专门实现上述结构的语句。

4.1　关系运算符与关系表达式

4.1.1　关系运算符

在程序中经常需要比较两个数的大小关系，以确定是否符合给定的条件。用来对两个数值进行比较的运算符称为关系运算符。进行关系运算后其结果为逻辑值（“1”或“0”）。C语言一共提供了以下6种关系运算符。

1）<：小于运算符，如a<b。

2）< =：小于或等于运算符，如a< =b+2。

3）>：大于运算符，如a>（b+c）。

4）> =：大于或等于运算符，如x> =y。

5）==：等于运算符，如a==b。

6）！ =：不等于运算符，如3！ =4。

使用关系运算符时应该注意以下几个问题：

1）关系运算符都是双目运算符，即只有两个数值才能进行比较，其结合性均为左结合。

2）关系运算符的优先级低于算术运算符，高于赋值运算符。在6个关系运算符中<、< =、>、> =优先级相同，高于“==”和“！ =”，“==”和“！ =”的优先级相同。

3）“==”是关系运算符，用来比较两个变量或表达式的值。而“=”是赋值运算符，用于赋值运算。

4.1.2　关系表达式

用关系运算符将两个运算对象连接起来的式子称为关系表达式。进行关系运算的对象可以是常量、变量或表达式。

关系表达式的一般形式为：

表达式　关系运算符　表达式

例如：

```
6 >4
a! =b
a -b >c +d
-i -3* j = =k +8
```

以上表达式都是合法的关系表达式。

另外关系表达式允许出现嵌套的情况，例如：

```
a < (b > c)
i!  = (j = = k)
```

以上表达式也都是合法的关系表达式。

关系表达式的结果是“0”或“1”，当关系表达式成立时，关系表达式的值为1，否则关系表达式的值为0。例如：

关系表达式6 >4 成立，结果即为1。

关系表达式2 >4 >6 <3 中，由于关系运算符具有左结合性，先计算2 >4 不成立，即为0；0 >6 不成立，结果为0；0 <3 成立，最终结果为1。

【例4-1】 关系运算符的使用。

```
#include < stdio. h >
void main()
{
      char ch = 'c';
      int a =5,b =2,c =1;
      float x =0.85,y =8.2;
      printf("%d,%d\n",'a' +6 <ch,x +5.15 < =y -x);
      printf("%d,%d\n",2 <b <5,c = =b >a +5);
}
```

程序运行结果如图4-2所示。

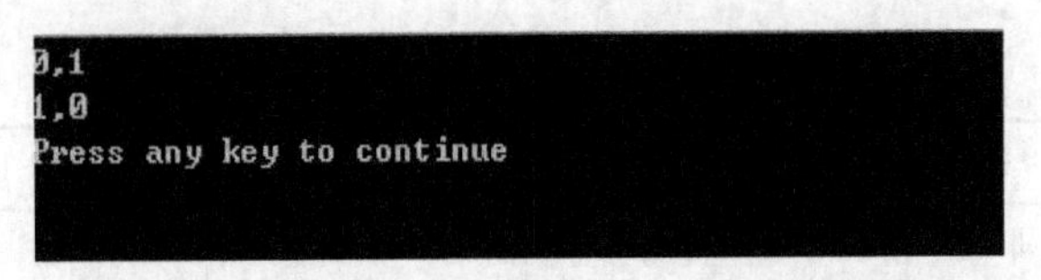

图4-2　例4-1程序运行结果

说明： 'a' +6 <ch 表达式中字符变量“a”是以它对应的ASCII码值参与运算的，相当于97 +6 <99，显示结果为假（0）；x +5. 25 < =y -x 相当于0. 85 +5. 15 <8. 2 -0. 85，显示结果为真（1）。

4.2　逻辑运算符与逻辑表达式

4.2.1　逻辑运算符

关系运算符只能表达简单的条件，若碰到要表达数学关系式1≤x≤100，即x的值是在1 ~100之间，如果写成1 < =x < =100这样的C语言表达式，是不能表达上述含义的。若

想正确表达上述数学表达式，就必须使用C语言的逻辑运算符。C语言一共提供了以下3种逻辑运算符。

1）&&：与运算符。

2）‖：或运算符。

3）!：非运算符。

进行逻辑运算要注意以下问题：

1）与运算符（&&）和或运算符（‖）均为双目运算符，其具有左结合性。非运算符（!）为单目运算符，具有右结合性。

2）逻辑运算符的优先级高低次序依次为!（非）、&&（与）、‖（或）。逻辑运算符和其他运算符优先级的关系如图4-3所示。

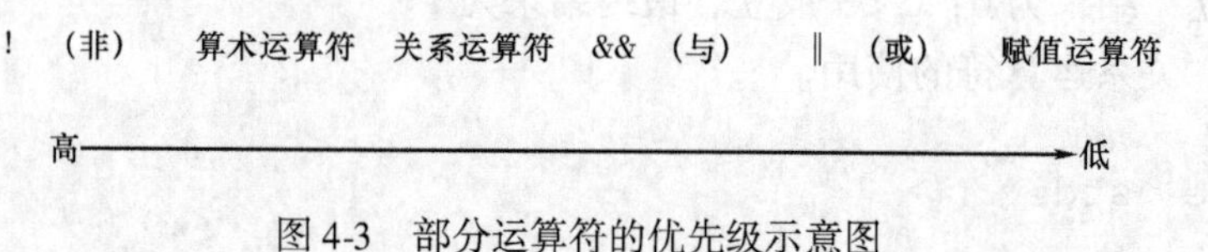

图4-3　部分运算符的优先级示意图

4.2.2　逻辑表达式

用逻辑运算符将1个或2个数据连接起来的有意义的式子称为逻辑表达式。

逻辑表达式的一般形式为：

表达式　逻辑运算符　表达式

例如，b&&c >4、! c = =a ‖ b <4、x >1 && x <100都是合法的逻辑表达式。

逻辑表达式的结果和关系表达式的结果一样，是一个逻辑值，即“真”或“假”，分别用整数1和0表示。在判断一个量的真假时，以0表示“假”，以非0表示“真”，逻辑运算符的求值规则见表4-1。

表4-1　逻辑运算符运算规则表

a	b	! a	! b	a && b	a ‖ b
非0	非0	0	0	1	1
非0	0	0	1	0	1
0	非0	1	0	0	1
0	0	1	1	0	0

特别需要指出的是，在求解逻辑表达式的值时并不是所有的运算都要被执行，除了考虑各种运算的优先级和结合性之外，还要考虑与（&&）和或（‖）运算具有的短路效应，即当某个运算对象的值可以确定整个逻辑表达式的值时，其余的运算对象将不需要再参与运算，现通过以下几种情况进行说明。

1）（表达式1）&&（表达式2）&&（表达式3）。如果表达式1为假，则表达式2不会进行运算，即表达式2“被短路”。例如，x && y && z，若x为假，则不再执行后面任何运算，表达式结果为0，y和z的值不变；当x为真y为假时，同样不再执行后续的运算，表达式结果为0，z的值不变；只有当x和y为真时才需要判断z的值。

2)（表达式1） ‖ （表达式2） ‖ （表达式3）。如果表达式1为真，则表达式2不会进行运算，即表达式2“被短路”。例如，x ‖ y & ‖ z，若x为真，则不再执行后面任何运算，表达式结果为1，y和z的值不变；当x为假y为真时，同样不再执行后续的运算，表达式结果为1，z的值不变；只有当x和y为假时才需要判断z的值。

3)（表达式1）&&（表达式2） ‖ （表达式3）。因为与（&&）运算的优先级高于或（‖）运算，所以可以将整个表达式理解成“或”的表达式，按2）的规则进行处理。

总之，&&运算中，只有左边表达式的值为真（非0）时，右边的运算才能继续，左边表达式的值为0时，&&符号后面的表达式不再继续运算；而或（‖）运算中，只有左边表达式的值为假（0）时，右边的运算才能继续。这种现象叫逻辑运算的短路现象。

【例4-2】 逻辑运算符的应用。

```
#include <stdio.h>
void main()
{
    int x =0,y =1,z =0,a,b,c;
    a =x&&y - -&& + +z;
    printf("x =%d,y =%d,z =%d,a =%d\n",x,y,z,a);
    b= + +x|| + +y|| - -z;
    printf("x =%d,y =%d,z =%d,b =%d\n",x,y,z,b);
    c=x + +&& - -y|| + +z;
    printf("x =%d,y =%d,z =%d,c =%d\n",x,y,z,c);
}
```

程序运行结果如图4-4所示。

```
x=0,y=1,z=0,a=0
x=1,y=1,z=0,b=1
x=2,y=0,z=1,c=1
Press any key to continue
```

图4-4 例4-2程序运行结果

说明：在a =x&&y - -&& + +z；语句中，x的值为0，短路了后面的运算，表达式结果为0（a =0），y =1、z =0值不发生变化；在b = + +x ‖ + +y ‖ - -z；语句中，x的值为1，短路了后面的运算，表达式结果为1（b =1），y =1、z =0值不发生变化；在c =x + +&& - -y ‖ + +z；语句中，先进行与运算，再进行或运算。

4.3 if语句

选择结构语句是通过判断给定的条件是否满足，从而决定执行条件匹配的分支程序段。选择结构包括单分支结构、双分支结构和多分支结构，如图4-5所示。

选择结构
- 单分支 if（表达式） {语句块}
- 双分支 if（表达式） {语句块1} else {语句块2}
- 多分支
  - 多分支 if 语句
    - if（表达式1） {语句块1}
    - else if （表达式2） {语句块2}
    - else if （表达式3） {语句块3}
    - …
    - else if （表达式 n） {语句块 n}
    - else {语句块 n+1}
  - switch 语句

图 4-5　选择结构的种类

4.3.1　单分支 if 语句

单分支 if 语句格式如下：

if（表达式）

{

<语句块>

}

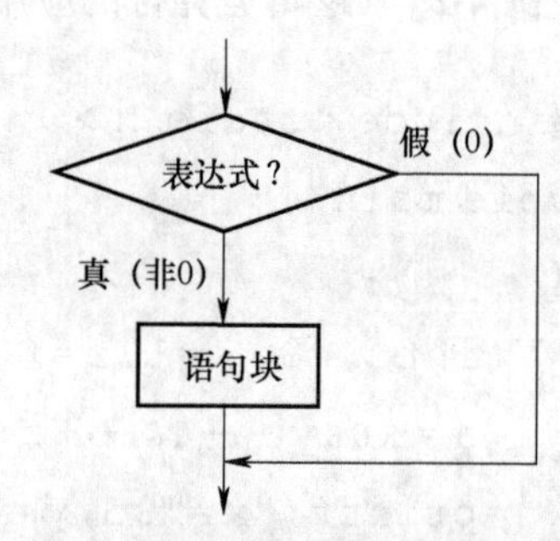

图 4-6　单分支 if 语句的流程示意图

其执行流程图如图 4-6 所示。

说明：

1）表达式是选择结构执行的条件，一般是一个逻辑表达式或关系表达式，也可以是一个数值，需要用圆括号括起来。

2）用花括号括起来的语句组称为复合语句，当语句只有一条时，可以省略花括号（{}）。

3）当条件成立（表达式的值为真）时，执行语句块，然后执行 if 语句下面的一条语句；如果条件不成立，则不执行语句块，直接执行 if 语句下面的一条语句。

【例 4-3】 从键盘输入一个圆的半径，如果半径大于 0，则计算其面积，否则什么都不做。

分析：需要定义两个变量 s、a 用来存放圆的面积和半径，可以用"float s,a"语句定义。使用 scanf 语句从键盘输入圆的半径的值，存储于 a 变量中。判定圆的半径的值是否大于 0，如果大于 0，就利用公式计算出圆的面积，最后使用 printf 语句输出圆的面积；如果输入圆的半径的值小于等于 0，则什么都不做，直接退出程序。

参考程序如下：

```
#include <stdio.h>
#define pi 3.14159
void main( )
{
    float a,s;
    printf("请输入圆的半径：\n");
    scanf("%f",&a);
```

```
    if (a >0)
    {
    s =pi* a* a;
    printf("this rear is :%f\n",s);
    }
}
```

程序运行结果如图4-7所示。

图4-7　例4-3程序运行结果

【例4-4】 从键盘输入两个整数，要求按从小到大排序后输出。

分析：需要定义两个变量a和b，用来存放两个数，然后比较两个数的大小。如果条件a>b成立，就将a和b的值进行交换；如果不成立，a、b保持原值不变。交换a、b的值需要一个中间变量，所以还要定义一个中间变量t。

参考程序如下：

```
#include <stdio.h>
void main()
{
     int a,b,t =0;
     scanf("%d,%d",&a,&b);
     if (a >b)
     {
         t =a;
         a =b;
         b =t;
    }
   printf("%d,%d\n",a,b);
}
```

程序运行结果如图4-8所示。

图4-8　例4-4程序运行结果

说明：对于上面的if语句，也可以使用逗号运算符将3条语句连成一条语句。其可以写成以下形式：

```
if(a >b)    t =a,a =b,b =t;
```

这时 if 后面只有一条语句，可以不用花括号。

4.3.2 双分支 if 语句

双分支 if 语句格式如下：

if (表达式)

<语句块 1 >

else

<语句块 2 >

其执行流程图如图 4-9 所示。

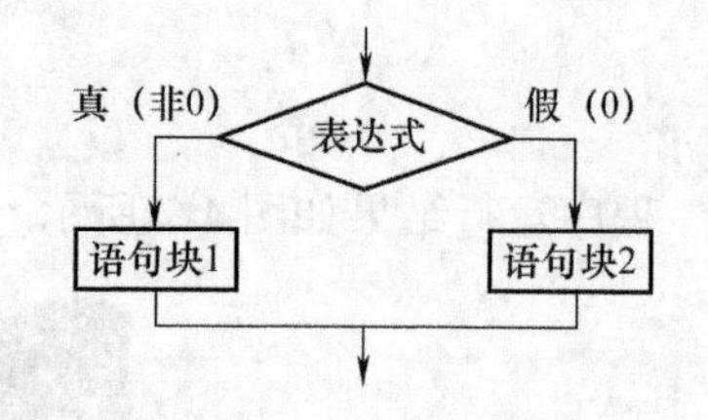

图 4-9 双分支 if 语句的执行流程图

说明：if 和 else 是 C 语言的关键字，在该结构执行时，先计算表达式的值，如果表达式的值为“真”（为非 0），则执行语句块 1；否则，执行语句块 2。当语句块 1 和语句块 2 是多条语句时，要用花括号括起来。

【例 4-5】 从键盘输入一个整数，判断它是奇数还是偶数，输出判断的结果。

分析：需要定义一个变量 a，用来存放一个数，然后根据奇数和偶数的特点来判断这个数是奇数还是偶数。如果是奇数，输出“这个数是奇数”；如果不成立，输出“这个数是偶数”。

参考程序如下：

```
#include <stdio.h >
void main( )
{
      int  n;
      printf("input a number: \n");
      scanf("%d",&n);
      if (n%2 !  =0)
          printf("这个数是奇数!");
      else
          printf("这个数是偶数!");
}
```

【例 4-6】 在购买某商品时，商品价格随团购的购买人数而定，试根据团购人数求最终实际出售价格。求解过程应遵循的规则：如果团购人数为 10 人以上时，商品价格为实际价格的 9 折；否则，商品按原价出售。

分析：需要定义 3 个变量，第一个变量用来存放购买人数，第二个变量用来存放商品的原来价格，第三个变量用来存放商品的出售价格，然后根据团购的人数来计算商品的出售价格。如果团购人数为 10 人以上时，商品价格为实际价格的 9 折；否则，商品按原价出售。

参考程序如下：

```
#include <stdio.h >
void main()
{
```

```
    int number =0;
    double originprice,price;
    printf("请输入 number 的值:");
    scanf("%d",&number);
    printf("请输入 originprice 的值:");
    scanf("%lf",&originprice);
    if (number >=10)
        price=originprice* 0.9;
    else
        price=originprice;
    printf("商品价格为:%lf \n",price);
}
```

4.3.3 多分支选择结构

多分支语句的书写格式如下：

if（表达式1）

<语句块1>

else if（表达式2）

<语句块2>

…

else if（表达式n）

<语句块n>

else <语句块n+1>

其执行流程图如图4-10所示。

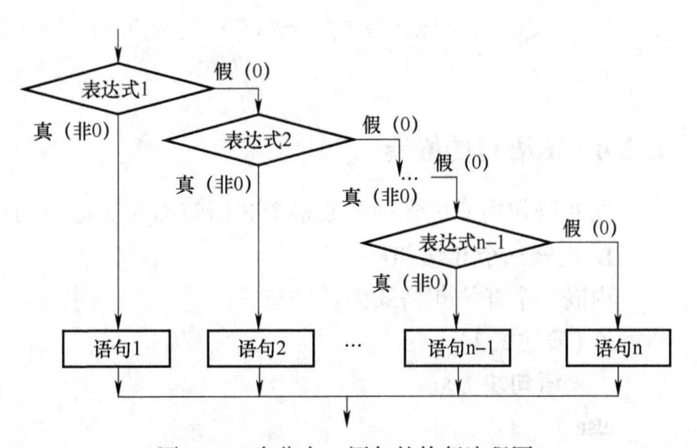

图4-10 多分支if语句的执行流程图

说明：首先计算表达式1的值，如果为真，则执行语句块1后，表示该多分支结构执行完毕，接着执行else下面的语句；否则判断表达式2的值是否为真，若为真，则执行语句块2；否则继续往下判断下面的表达式的值，若前n-1个表达式的值为假（0），但第n个表达式的值为真（非0），则执行语句n；若所有表达式的值都为假（0），则执行语句n+1。

【例4-7】 编程实现分段函数。

$$y=\begin{cases}0 & x\leqslant 0\\ 2x+1 & 0<x\leqslant 10\\ 3x+2 & 10<x\leqslant 20\\ 5x-1 & x>20\end{cases}$$

输入x的值，求对应的y值并输出。

分析：

1）判断条件$x\leqslant 0$是否成立，如果成立，$y=0$。

2）判断条件$0<x\leqslant 10$是否成立，如果成立，$y=2x+1$。

3）判断条件 $10 < x \leqslant 20$ 是否成立，如果成立，$y = 3x + 2$。

4）以上条件都不成立，$y = 5x - 1$。

5）最后使用 printf 函数输出 y 的值。

参考程序如下：

```
#include <stdio.h>
void  main()
{
    float  x,y;
    scanf("%f",&x);
    if(x<=0)  y=0;
    else if(x<=10) y=2*x+1;
    else if(x<=20) y=3*x+2;
    else y=5*x-1;
    printf("x=%f,y=%f\n",x,y);
}
```

4.3.4 if 语句的嵌套

在 if 语句中又包含一个或多个 if 语句称为 if 语句的嵌套，一般有以下两种情况。

1. 内嵌一个 if 语句

内嵌一个 if 语句格式为：

if (表达式 1)
    <语句块 1>
else
   if (表达式 2)
    <语句块 2>
   else
    <语句块 3>

2. 内嵌多个 if 语句

内嵌多个 if 语句格式为：

if (表达式 1)
   if (表达式 2)
      <语句块 1>
   else <语句块 2>
else
   if (表达式 3)
      <语句块 3>
   else <语句块 4>
…

说明：

1）在if语句的嵌套中，出现了多个if与else语句，其中else语句不能单独作为语句使用，其必须和if语句配对使用。else总是与离它上面最近的、尚未与其他else配对的if语句配对，一般是从后往前查找，确定else与if的匹配关系，此时不要被缩进对齐格式所迷惑。

2）if与else的个数最好相同，从内层到外层要一一对应，以避免出错。

3）如果if与else的个数不相同，可以用花括号来确定配对关系，形式如下：

if（）

　　{if（表达式1） <语句块1>}

else

<语句2>

这时的“{}”限定了内嵌if语句的范围，因此else与最上面的if配对。

【例4-8】 输入一个字符，如果是数字则输出1，是字母则输出2，是其他符号则输出3。

分析：

1）定义一个字符变量并完成输入。

2）判断输入的字符是否是数字，如果成立，输出1。

3）判断输入的字符是否是字母，如果成立，输出2。

4）判断输入的字符是否是除了数字和字母的其他字符，如果成立，输出3。

参考程序如下：

```
#include <stdio.h>
void main()
{
    char c;
    scanf("%c",&c);
    if('0'<=c&&c<='9')
        printf("c=%c %c\n",c,'1');  /* 如果是数字,则输出字符1*/
    else if('A'<=c&&c<='Z')
        printf("c=%c %c\n",c,'2');  /* 如果不是数字,而是大写字母,则
                                       输出字符2*/
    else
        printf("c=%c %c\n",c,'3');  /* 如果不是数字、字母,则输出字符
                                       3*/
}
```

【例4-9】 编制实现给一百分制成绩评定等级，要求输出成绩等级“A”、“B”、“C”、“D”、“E”。90分以上为A等，80~89分为B等，70~79分为C等，60~69分为D等，60分以下为E等。

分析：

1）判断条件n<0.0或者n>100是否成立，如果成立，输出“输入分值错误!”。

2）判断条件0<n≤60是否成立，如果成立，输出等级“E”。

3）判断条件60 < n≤70 是否成立，如果成立，输出等级“D”。

4）判断条件70 < n≤80 是否成立，如果成立，输出等级“C”。

5）判断条件80 < n≤90 是否成立，如果成立，输出等级“B”。

6）判断条件90 < n≤100 是否成立，如果成立，输出等级“A”。

参考程序如下：

```
#include <stdio.h>
void main()
{
    int c;
    printf("\nInput a score:");
    scanf("%d",&c);
    if(c>100 || c<0)
        printf("sorry,your input is wrong! \n");
    else
    {
        printf("\nThe score is %d",c);
        if(c>=90&&c<=100)
        {printf("\nHe got an A");}
        else if(c>=80)
        {printf("\nHe got an B");}
        else if(c>=70)
        {printf("\nHe got an C");}
        else if(c>=60)
        {printf("\nHe got an D");}
        else if(c>=0)
        {printf("\nHe got an E");}
    }
}
```

思考

最后一个 else if 后的条件 c>=0 是否可以省略不写？

【例 4-10】 输入三角形的三边 a、b、c，判断 a、b、c 能否构成三角形，若不能则输出相应的信息，若能则判断构成的是直角三角形还是一般三角形。

分析：先根据“任意两边之和大于第三边”的条件判断 a、b、c 三条边能否构成三角形；在可以构成三角形的条件下，根据“两边平方的和等于第三边的平方”的条件来判断是否是直角三角形。

参考程序如下：

```
#include <stdio.h>
void main()
{
```

```
    float a,b,c;
    scanf("%f,%f,%f\n",&a,&b,&c);
    if(a+b>c && a+c>b &&b+c>a)
    {
        if(a*a+b*b==c*c||a*a+c*c==b*b||b*b+c*c==a*a)
            printf("直角三角形\n");
        else
            printf("一般三角形\n");
    }
        else
            printf("不是三角形\n");
}
```

注意:

1）在三种形式的if语句中，if关键字之后的表达式通常可以是逻辑表达式或关系表达式，但也可以是其他任何合法的C语言表达式，如赋值表达式、一个变量或常量等，只要表达式的值为非0，即为真，括号外的语句就会执行。例如，“if (a=5)”中表达式的值永远为非0，所以其后的语句就会执行。注意，“if (a==5)”和“if (a=5)”的意义完全不一样，在这一点上，初学者很容易将赋值号“=”和相等的比较判断符“==”混淆。

2）在if语句中，条件判断表达式必须用括号括起来。

3）在if语句的三种形式中，所有的语句应为单个语句，如果在满足条件时需要执行多个语句，则必须把这些语句用“{}”括起来组成一个复合语句，要注意的是在“{}”之后不能再加分号。例如：

```
if(a>b)
{
    a=1;
    b=-1;
}
else
{
    a=-1;
    b=1;
}
```

4.3.5 条件运算符和条件表达式

在某些情况下，当被判别的表达式的值为“真”或“假”时，都执行一个赋值语句且向同一个变量赋值。

例如：

```
    if(a>b)
        max=a;
    else
        max=b;
```

C语言中提供的条件运算符可以表达出与之等效的功能：

```
max=(a>b) ? a : b;
```

由条件运算符组成条件表达式的一般形式为：

表达式1？表达式2：表达式3

说明：条件运算符的执行顺序是，首先求解表达式1，若为非0（真），则执行表达式2，此时表达式2的值就作为整个条件表达式的值；若表达式1的值为0（假），则执行表达式3，此时表达式3的值就是整个条件表达式的值。

注意：

1）条件运算符优先级高于赋值运算符，低于关系运算符。因此，“max=（a>b）？a：b”可以去掉括号写成“max=a>b？a：b”。

2）条件运算符“？”和“：”是一对运算符，不能分开单独使用。

3）条件运算符的结合方向是自右往左结合。

例如，a>b？a：c>d？c：d应该理解为a>b？a：（c>d？c：d），这是条件表达式嵌套的情形，即第一个条件表达式中的表达式3又是一个条件表达式。

【例4-11】 任意输入两个整数，输出其中较小的数。

分析：通过键盘输入两个数，分别用两个变量进行存储，然后使用条件表达式进行相应的取值。

参考程序如下：

```
#include <stdio.h>
void main()
{
    int x,y,min;
    printf("input two number:");
    scanf("%d%d",&x,&y);
    printf("min=%d",x<y? x:y);
}
```

【例4-12】 通过键盘输入一个字符，判断它是否是大写字母，如果是，将其转换为对应的小写字母，否则不转换。

分析：英文字母大写和小写的ASCII码值相差32，将一个大写字母转换为对应的小写字母的方法是把大写字母的ASCII码值加上32即可；判断一个字符变量ch是否为大写字母，只要判断表达式“ch>='A'&&ch<='Z'”是否成立即可；将一个大写字母转换为小写字母可以用条件表达式来实现，即（ch>='A'&&ch<='Z'）？（ch+32）：ch。

参考程序如下：

```
#include <stdio.h>
void main()
{
    char ch;
    printf("请输入一个字符:\n");
    scanf("%c",&ch);
    ch=((ch>='A'&&ch<='Z')? (ch+32):ch);
    printf("ch=%c\n",ch);
}
```

4.4 switch 语句

在用 if 语句进行选择结构处理时，当要实现的分支较多时，就要使用 if 语句的多重嵌套才能实现，此时程序就变得复杂冗长，程序的可读性会大大降低。C 语言提供了 switch 语句，可以很方便地进行多路选择的功能，使程序变得简洁。

switch 语句的一般形式如下：

switch（表达式）

{

    case 常量表达式 1：

        <语句 1>;

        [break];

    case 常量表达式 2：

        <语句 2>

        [break];

    ...

    case 常量表达式 n：

        <语句 n>;

        [break];

    default：语句 n+1;

}

说明：

1）执行过程：首先计算 switch 后面括号内表达式的值，若此值等于某个 case 后面常量表达式的值，则转向该 case 后面的语句去执行，然后接着执行该 case 后面的其他语句；若表达式的值不等于任何 case 后面的常量表达式的值，则转向 default 后面的语句去执行，如果没有 default 部分，则将不执行 switch 语句中的任何语句，而直接转到 switch 语句后面的语句去执行。

2）switch 后面圆括号内的表达式的值和 case 后面的常量表达式的值，一般是整型的或字符型的。

3）各个 case 和 default 的出现次序可以是任意的，不影响执行结果。

4）每个 case 的常量表达式的值必须互不相同。

5）由于 switch 语句中的“case 常量表达式”部分只起语句标号作用，而不进行条件判断，所以在执行完某个 case 后面的语句后，将自动转到该语句后面的语句去执行，直到遇到 switch 语句的花括号或 break 语句为止，而不再进行条件判断。例如：

```
switch(n)
{
case 1:
    x =3;
case 2:
    x =4;
}
当 n =1 时,将连续执行下面两个语句:
x =3;
x =4;
```

所以在执行完一个 case 分支后，一般应该跳出 switch 语句，这样可以在一个 case 分支结束后，在下一个 case 分支开始前插入一个 break 语句，一旦执行 break 语句，将立即跳出 switch 语句。例如：

```
switch(n)
{
case 1:
    x =3;
    break;
case 2:
    x =4;
    break;
}
```

当 n =1 时，则在执行 x =3;语句后，接着执行 break 语句，然后直接跳出整个 switch 选择结构。

6）多个 case 可以共用一组执行语句，例如：

```
switch(ch)
{
   case'A':
   case'B':
   case'C': prinf(" >60 \n");
```

它表示当 ch 等于“A”或 ch 等于“B”或 ch 等于“C”时，都执行 prinf（" >60 \ n"）;语句。

7）每个 case 的后面既可以是一个语句，也可以是多个语句，当是多个语句时，也不需要用花括号括起来。

【例 4-13】 把本章中的例 4-9 用 switch 语句实现。

分析：

1）从键盘输入考试成绩。

2）考试等级分为 5 个等级 6 种情况，不同等级对应不同的分数段，分别用 case 语句来实现。

3）将考试成绩和每个 case 语句后面的条件表达式进行匹配，和其中一个 case 语句匹配成功后，就去执行该 case 语句后面的语句系列，从而输出相应的考试等级。

参考程序如下：

```
#include <stdio.h>
void main()
{
     int n;
     printf("Please input the score: ");
     scanf("%d", &n);
     switch (n / 10)
     {
     case 10:
     case 9:
        printf("A \n"); break;
     case 8:
        printf("B \n");break;
     case 7:
        printf("C \n");break;
     case 6:printf("D \n"); break;
     case 5:
     case 4:
     case 3:
     case 2:
     case 1:
     case 0:
        printf("E \n"); break;
     default:
        printf("输入分值错误!");
     }
}
```

思考

switch 后面的表达式使用的是 n/10，而不是直接用的 n 变量，请分析其意义是什么？

【例 4-14】 设计一个模拟计算器，实现两个数的加、减、乘、除运算，并在屏幕上输出计算结果。

分析：

1）定义两个变量存储需要进行运算的数据，然后从键盘上输入两个值。

2）定义一个变量用来存储用户输入的运算符类型，并从键盘上输入（可以输入“+”、“-”、“*”、“/”四种运算符中的一种）。

3）把输入值后的符号变量作为 switch 语句后面的表达式，根据变量的不同取值（“+”、“-”、“*”、“/”）进行不同的运算，分别用 4 个 case 语句来实现，并将计算结果在屏幕上输出。

参考程序如下：

```
#include <stdio.h>
void main()
{
     float a,b;
     char c;
     printf("input expression:a(+、-、* 、/)b \n");
     scanf("%f%c%f",&a,&c,&b);
     switch(c)
     {
     case'+':printf("%f \n",a+b);break;
     case'-':printf("%f \n",a-b);break;
     case'* ':printf("%f \n",a* b);break;
     case'/':if(b==0)printf("division by zero \n");
        else printf("%f \n",a/b);break;
     default:printf("input error \n");
     }
}
```

思考

本例中的 break 语句是否可以省略。如果不写 break 语句，程序运行的结果会发生什么变化?

【例 4-15】 根据输入的第一个字母来判断将要输入的是星期几，如果根据第一个字母不能判断，则继续判断第二个字母。

分析：用 case 语句比较好，如果第一个字母一样，则可以继续用 case 语句或 if 语句判断第二个字母。

参考程序如下：

```
#include <stdio.h>
void main()
{
     char letter;
     printf("please input the first letter of someday \n");
```

```
    letter = getchar();
    getchar();
    switch (letter)
        {
        case 'S':
        case 's':
            printf("please input the second letter \n");
            letter = getchar();
            if(letter = = 'a' ‖ letter = = 'A')
                printf("saturday \n");
            else if (letter = = 'u' ‖ letter = = 'U')
                printf("sunday \n");
            else printf("data error \n");
            break;
        case 'F':
        case 'f':
            printf("friday \n");break;
        case 'M':
        case 'm':
            printf("monday \n");break;
        case 'T':
        case 't':
            printf("please input the second letter \n");
            letter = getchar();
            if(letter = = 'u' ‖ letter = = 'U')
                printf("tuesday \n");
            else if (letter = = 'h' ‖ letter = = 'H')
                printf("thursday \n");
            else printf("data error \n");
            break;
        case 'W':
        case 'w':
            printf("wednesday \n");break;
        default:
            printf("data error \n");
        }
}
```

思考

如果去掉语句 getchar（）会出现什么情况？

4.5 知识点强化与应用

选择结构求解问题的一般步骤为：

1. 定义变量

根据所要处理的数据个数和类型来定义变量的类型，对变量进行命名时，注意变量名的实义性。

2. 为变量赋初值

变量定义后，并未存放确切的数据值，必须根据实际需要为变量赋初值。

3. 解决问题

根据题意确定相应的算法，根据算法确定是使用单分支、双分支还是多分支结构来解决问题。

4. 输出结果

使用相应的输出函数把结果显示到屏幕上。

【例4-16】 企业发放的奖金根据利润提成。利润I低于或等于10万元时，奖金可提10%；利润高于10万元，低于20万元时，低于10万元的部分按10%提成，高于10万元的部分可提成7.5%；20万到40万之间时，高于20万元的部分可提成5%；40万到60万之间时，高于40万元的部分可提成3%；60万到100万之间时，高于60万元的部分可提成1.5%；高于100万元时，超过100万元的部分按1%提成。从键盘输入当月利润I，求应发放奖金总数。

分析：由题目可知利润提成方案有六种，因此可以利用多分支选择结构来完成程序的设计。根据输入的利润来判断是六种情况中的哪一种，就执行哪个分支后面的语句，从而计算出相应的奖金数额。

参考程序如下：

```
#include <stdio.h>
void main()
{
float i;
float bonus1,bonus2,bonus4,bonus6,bonus10,bonus;
printf("please input a number:\n");
scanf("%f",&i);
bonus1 =100000* 0.1;bonus2 =bonus1 +100000* 0.075;
bonus4 =bonus2 +200000* 0.05;
bonus6 =bonus4 +200000* 0.03;
bonus10 =bonus6 +400000* 0.015;
if(i <=100000) bonus =i* 0.1;
else if(i <=200000) bonus =bonus1 + (i -100000)* 0.075;
else if(i <=400000) bonus =bonus2 + (i -200000)* 0.05;
else if(i <=600000) bonus =bonus4 + (i -400000)* 0.03;
```

```
else if(i< =1000000) bonus =bonus6 + (i -600000)* 0.015;
else bonus =bonus10 + (i -1000000)* 0.01;
printf("bonus =%f",bonus);
}
```

思考

本题如果使用 switch 语句来实现，程序代码该如何编写？

【例 4-17】 给一个不多于 5 位的正整数，要求：①求它是几位数；②逆序打印出各位数字。

分析：本题的关键是如何把随机输入的 5 位数的每一位数字利用 C 语言的运算规则分解出来。首先设置一个变量 x 用来存储随机输入的正整数，那么万位的数字 = x/10000、千位的数字 = x% 10000/1000、百位的数字 = x% 1000/100、个位的数字 = x% 100/10，设置 5 个变量分别用来存储万位、千位、百位、十位、个位分解出来的数字，再通过判断这 5 个变量是否等于零来判断这个正整数是几位数，输出时把分解出来的每位数字按个位、十位……这样的顺序输出即可。

参考程序如下：

```
#include <stdio.h>
void main( )
{
    int a,b,c,d,e,x;
    printf("please input a number: \n");
    scanf("%d",&x);
    a =x/10000;                          /* 分解出万位* /
    b =x%10000/1000;                     /* 分解出千位* /
    c =x%1000/100;                       /* 分解出百位* /
    d =x%100/10;                         /* 分解出十位* /
    e =x%10;                             /* 分解出个位* /
    if (a! =0) printf("This is a five digits, %d %d %d %d %d \n",
e,d,c,b,a);
    else if (b! =0) printf("This is a four digits, %d %d %d %d \
n",e,d,c,b);
    else if (c! =0) printf("This is a three digits,%d %d %d \n",e,
d,c);
    else if (d! =0) printf("This is a two digits, %d %d \n",e,d);
    else if (e! =0) printf("This is a one digits,%d \n",e);
```

【例 4-18】 输入某年某月某日，判断这一天是这一年的第几天？

分析：以 3 月 5 日为例，应该先把前两个月的天数加起来，然后再加上 5 天即本年的第几天，当输入年份为闰年且输入月份大于 2 时需考虑多加一天。

参考程序如下：

```
#include <stdio.h>
#include <stdlib.h>
void main()
{
    int day,month,year,sum,leap;
    printf("\nplease input year,month,day\n");
    scanf("%d,%d,%d",&year,&month,&day);
    switch(month)                                    /* 先计算某月以前月份的总
                                                        天数* /
    {
    case 1:sum=0;break;
    case 2:sum=31;break;
    case 3:sum=59;break;
    case 4:sum=90;break;
    case 5:sum=120;break;
    case 6:sum=151;break;
    case 7:sum=181;break;
    case 8:sum=212;break;
    case 9:sum=243;break;
    case 10:sum=273;break;
    case 11:sum=304;break;
    case 12:sum=334;break;
    default:printf("data error");
        exit(-1);                                    //输错了日期直接退出程序
        break;
    }
    sum=sum+day;                                     /* 再加上某天的天数* /
    if(year%400==0||(year%4==0&&year%100!=0))        /* 判断是否为闰年* /
        leap=1;
    else
        leap=0;
    if(leap==1&&month>2)                             /* 如果是闰年且月份大于2,
                                                        总天数应该加一天* /
        sum++;
    printf("It is the %dth day.\n",sum);
}
```

思考

分析 exit 函数的作用和使用方法。

4.6 小结

本章主要讲述了3个方面的内容：简单选择结构、嵌套选择结构以及switch语句的使用方法。

1. 简单选择结构

C语言提供了3种形式的if语句，如图4-5所示。

1）单分支if语句：当表达式的值为真时，执行语句块，否则执行if结构后面的其他语句。

2）双分支if语句：当表达式的值为真时，执行语句块1，否则执行语句块2。

3）多分支if语句：若表达式1的值为真，则执行语句块1，否则去判断表达式2，若表达2的值为真，则执行语句块2，否则再去判断表达式3……一直继续下去，当所有表达式的值均为假时，才去执行语句块n+1。

2. if语句的嵌套

在if语句中又包含一个或多个if语句称为if语句的嵌套。

（1）内嵌一个if语句

内嵌一个if语句格式如下：

```
if (表达式1)
   <语句块1>
else
  if (表达式2)
   <语句块2>
  else
   <语句块3>
```

（2）内嵌多个if语句

内嵌多个if语句格式如下：

```
if (表达式1)
  if (表达式2)
     <语句块1>
  else <语句块2>
else
  if (表达式3)
     <语句块3>
  else <语句块4>
...
```

3. switch语句

switch语句格式如下：

```
switch (表达式)
{
    case 常量表达式1:
```

<语句 1 >;
[break];
case 常量表达式 2:
<语句 2 >
[break];
...
case 常量表达式 n:
<语句 n >;
[break];
default: 语句 n+1;
}

switch 语句是实现多选择判定的另一种方法，它可以比较方便和清楚地列出各种情况，以及在每种情况下应执行的语句。

【案例分析与实现】

利用本章所学知识，解决本章开头提出的问题：用户输入相应的数字后，输出如图 4-1 所示的提示信息。

分析：界面上的“学生成绩管理系统”共有九种不同的功能，用户根据自已的需要进行功能的选择，在某一时刻只能选择其中一种功能。比如，用户需要执行“录入学生信息”功能时，输入数字 1 进行选择即可；用户需要执行“修改学生信息”功能时，输入数字 2 进行选择即可。依此类推，需要图中九种功能中的某一种功能，就输入某一功能前所对应的数字即可，这种算法特别适合使用 switch 语句。

参考程序如下：

```
#include <stdio.h>
#include <stdlib.h>
void main() //----------主函数--------------------
{
    int t;
    char c;
    system("cls");
    printf("********************************************************
********* \n \n");
    printf("----------学生成绩管理系统------------- \n");
    printf("1. 录入学生信息                        ");
    printf("        2. 浏览学生信息     \n");
    printf("3. 查找学生信息                        ");
    printf("        4. 对学生信息排序 \n");
    printf("5. 统计学生信息                        ");
    printf("        6. 添加学生信息     \n");
```

```
    printf("7. 修改学生信息                    ");
    printf("      8. 删除学生信息    \n");
    printf("9. 退出程序\n");
    printf("_________________________________\n\n");
    printf("************************************************************
***********\n");
    printf("输入选择类型1--8:  ");
    scanf("%d",&t);
    switch(t)
    {
    case 1:
        printf("您选择了录入学生信息功能\n");
        printf("回到主菜单? y/n(若想终止查找按任意键)");
        getchar();
        c=getchar();
        if(c=='y'||c=='Y')
            main();
        break;
    case 2:
        printf("您选择了浏览学生信息功能\n");
        printf("回到主菜单? y/n(若想终止查找按任意键)");
        getchar();
        c=getchar();
        if(c=='y'||c=='Y')
            main();
        break;
    case 3:
        printf("您选择了查找学生信息功能\n");
        printf("回到主菜单? y/n(若想终止查找按任意键)");
        getchar();
        c=getchar();
        if(c=='y'||c=='Y')
            main();
        break;
    case 4:
        printf("您选择了对学生信息排序功能\n");
        printf("回到主菜单? y/n(若想终止查找按任意键)");
        getchar();
        c=getchar();
```

```
        if(c=='y'||c=='Y')
            main();
        break;
    case 5:
        printf("您选择了统计学生信息功能\n");
        printf("回到主菜单? y/n(若想终止查找按任意键)");
        getchar();
        c=getchar();
        if(c=='y'||c=='Y')
            main();
        break;
    case 6:
        printf("您选择了添加学生信息功能\n");
        printf("回到主菜单? y/n(若想终止查找按任意键)");
        getchar();
        c=getchar();
        if(c=='y'||c=='Y')
            main();
        break;
    case 7:
        printf("您选择了修改学生信息功能\n");
        printf("回到主菜单? y/n(若想终止查找按任意键)");
        getchar();
        c=getchar();
        if(c=='y'||c=='Y')
            main();
        break;
    case 8:
        printf("您选择了删除学生信息功能\n");
        printf("回到主菜单? y/n(若想终止查找按任意键)");
        getchar();
        c=getchar();
        if(c=='y'||c=='Y')
            main();
        break;
    case 9://退出程序
        printf("请输入任意键退出\n");
        }
}
```

程序运行结果如图 4-11 所示。

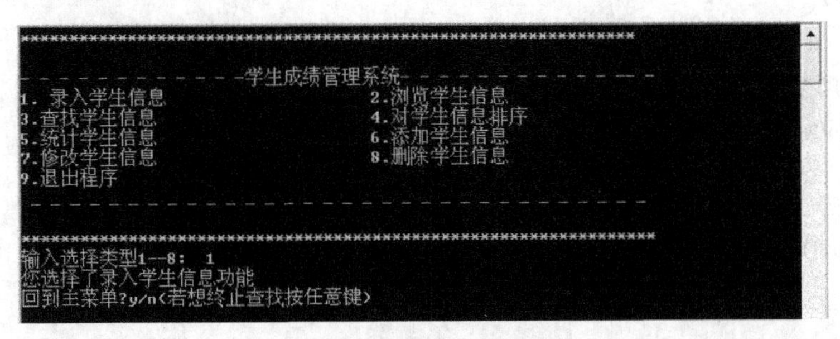

图 4-11　程序运行结果

习　题

一、单项选择题

1. 已有定义语句：int x=3，y=4，z=5;，则值为0的表达式是（　　）。

A）x>y++　　B）x<=++y

C）x!=y+z>y-z　　D）y%z>=y-z

2. 已有定义语句：int x=3，y=0，z=0;，则值为0的表达式是（　　）。

A）x&&y　　B）x||z

C）x||z+2&&y-z　　D）!（（x<y）&&!z||y）

3. x为奇数时值为“真”，x为偶数时值为“假”的表达式是（　　）。

A）!（x%2==1）　　B）x%2==0　　C）x%2　　D）!（x%2）

4. 若有定义语句：int a=4，b=5，c=0，d; d=!a&&!b||!c;，则d的值是（　　）。

A）0　　B）1　　C）-1　　D）非0的数

5. 以下程序的运行结果是（　　）。

```
void main()
{
    int i=0;
    if(i==0) printf("**");
    else printf("$");
    printf("*\n");
}
```

A）*　　B）$*　　C）**　　D）***

二、程序分析题

1. 下面程序的输出结果是__________。

```
#include <stdio.h>
void main()
{
```

```
int a ,b;
a =100;
b =a >100? a +100:a +200;
printf("%d,%d",a,b);
}
```

2. 下面程序的输出结果是______________________。

```
#include <stdio.h >
void main()
{
int x =10,y =5;
if(x <5)
{
x =x +y;
y =y -x;
}
else
{
x =x* y;
y =y +4;
}
printf("%d,%d\n",x,y);
}
```

三、程序填空题

1. 已知3个数a、b、c，找出最大值放于max中。

```
#include <stdio.h >
void main()
{
    int a,b,c,max;                          /* 定义4个整型变量* /
    scanf("a =%d,b =%d,c =%d",&a,&b,&c);
    if (①)
    max =a;
    else
    (②);
    if (c >max)
    max =c;                                 /* c是最大值* /
    printf("max =%d",max);
}
```

2. 某服装店经营套服，也单件出售。若买套服不少于50套，每套80元；不足50套，每套90元；只买上衣，每件60元；只买裤子，每条45元。以下程序的功能是读入所买上衣和裤子的件数，计算应付款。

```
#include <stdio.h>
int main()
{    int n1,n2,n,d1=0,d2=0,m,price;
    printf("请输入需要买的上衣件数:");
    scanf("%d",&n1);
    printf("请输入需要买的裤子件数:");
    scanf("%d",&n2);
    if((①))
    {n=n2;
    d1=n1-n2;}
    else
    {n=n1;
    (②);
    }
    if(n>50)
    price=n*80+d1*60+d2*45;
    else
    price=n*90+d1*60+d2*45;
    printf("总价格是:%d",price);
    return 0;
}
```

四、编程题

1. 编写一个程序，实现输入3个整数并按从小到大的顺序输出。

2. 编写程序，解方程 ax+b=0。

3. 货物征税问题。价格在1万元以上的征税5%，5000元以上1万元以下的征税3%，1000元以上5000元以下的征税2%，1000元以下的免税，读入货物价格，计算并输出税金。

第5章 循环结构程序设计

学习要点

1. while 语句、do-while 语句、for 语句
2. 循环嵌套
3. break 语句、continue 语句

导入案例

案例：相同或相似操作的反复执行

在系统菜单的提示下，用户输入需要进行操作的序号后，给出进行操作的提示，接受用户下次的操作输入，直到输入非法（1~8以外的数字）后程序结束。

分析：可以使用第4章学习的选择结构来实现根据用户输入的序号进行操作的提示。至于不断地接受用户的下次操作输入直至输入非法后程序结束功能，采用顺序结构或选择结构显然无法求解。该如何完成这种大量的重复的任务呢？如何实现在适当的时间退出程序呢？

在程序设计中经常会遇到这样的情况，即有些语句必须重复执行若干次才能完成任务。这种重复执行结构又称为循环结构。

循环结构是结构化程序设计的三种基本结构之一。其特点是，在给定条件成立时，反复执行某程序段，直到条件不成立为止。给定的条件称为循环条件，反复执行的程序段称为循环体。C语言常用的三种循环语句为：while 循环、do-while 循环、for 循环。

本章主要介绍三种循环语句的基本格式及应用、循环嵌套的概念，以及与循环语句有关的 break 语句与 continue 语句。

5.1 while 循环

在现实生活中，经常需要反复执行某相同或相似的操作，此时可以用循环结构来完成。

5.1.1 while 语句的基本格式

1. 一般格式

while 语句的一般格式如下：

while（表达式）语句

或：

while（表达式）

```
{
    语句序列
}
```

其中，表达式称为“循环条件”，语句称为“循环体”。

2. 执行过程

1）计算 while 后面表达式的值，如果其值为“真”，则执行循环体。

2）执行完语句后，再次计算 while 后面表达式的值，如果其值为“真”，则继续执行循环体，如果表达式的值为“假”，结束循环，接着执行循环结构后面的语句。while 循环的执行流程如图 5-1 所示。

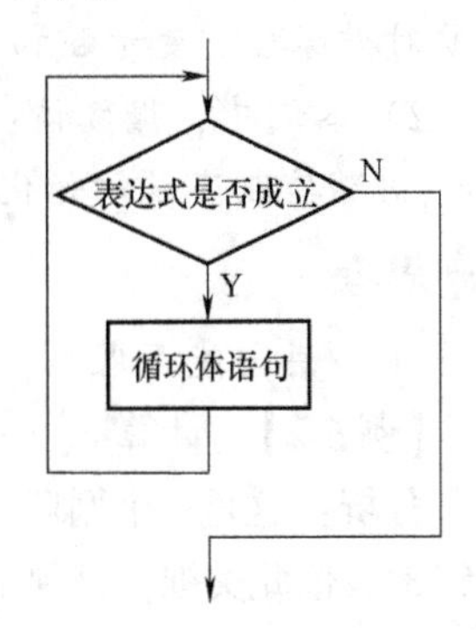

图 5-1　while 循环执行流程图

3. 说明

1）表达式是循环的控制条件，决定着是否继续循环，一般是关系表达式或逻辑表达式。

2）while 语句的特点是先判断循环的条件，再决定是否执行循环体，如果表达式的值一开始就为“假”，那么循环体一次也不执行。

3）循环体语句是循环中反复执行的部分，可以是一条语句，也可以是复合语句（用大括号括起的若干条语句）。

4）在循环中应有使循环趋于结束的语句，以避免“死循环”的出现。

5.1.2　while 语句的应用

【例 5-1】　编写程序，计算 1 +2 +3 +… +100 的和。

分析：这是一个典型的循环结构程序，可以定义两个整型变量 sum、i。其中 sum 存放累加和，i 存放加数，也为循环控制变量，如果 i 小于或等于 100，重复执行加法操作，否则循环结束。

参考程序如下：

```
#include <stdio.h>
void main()
{
     int i=1,sum=0;                  //初始化循环控制变量 i 和累加和 sum
     while(i<=100)                   //循环条件
     {
        sum=sum+i;                   //实现累加
        i++;                         //循环控制变量增值
     }
     printf("sum=%d\n",sum);
}
```

程序运行结果如下：

```
sum =5050
```

提示

1）循环结构由循环条件、循环体、循环控制变量的增值这几部分组成。其中，循环体是需要重复执行的操作序列；循环条件是重复执行循环所需的条件，当条件成立时执行循环体，否则结束循环；循环控制变量的增值是使循环趋于结束的语句。注意在进入循环之前，需要对循环控制变量赋初值。

2）本例中，循环体：sum = sum + i；i++；循环条件：i < = 100；循环控制变量的增值：i++；循环控制变量初始化：int i = 1。

思考

i++；语句能否省略，为什么？

【例 5-2】 计算 n！ = 1 × 2 × 3 × … × n（n 值由用户输入）。

分析：这是一个循环次数已知的累乘求积问题。先求 1!，然后用 1！ ×2 得到 2!，用 2！ ×3 得到 3!，依此类推，直到用（n - 1）！ ×n 得到 n！为止。计算阶乘的递推公式为

$$i! = (i-1)! \times i$$

若用 p 表示（i - 1）!，则只要将 p 乘以 i 即可得到 i！的值，用 C 语言表示这种累乘关系即为 p = p * i。

参考程序如下：

```
#include <stdio.h>
void main()
{
    int n;
    int i =1;
    long p =1;
    printf("please enter n:");
    scanf("%d",&n);
    while(i < =n)
    {
        p =p* i;
        i++;
    }
    printf("%d! =%ld\n",n,p);
}
```

程序运行结果如下：

```
please enter n:10↙(↙表示回车)
10! =3628800
```

【例 5-3】 从键盘输入若干正整数，求这些数的总和及平均值。（输入的数目不定，输入 -1 时结束。）

分析：这是一个循环次数不确定的求和问题，但是循环结束条件可知。

参考程序如下：

```
#include <stdio.h>
#define EOF -1
void main( )
{
    int x,i=0;
    float aver,sum=0;
    printf("Please input number:");
    scanf("%d",&x);
    while(x! =EOF)
    {
        sum=sum+x;
        i++;
        scanf("%d",&x);
    }
    aver=sum/i;
    printf("sum=%f,aver=%.2f\n",sum,aver);
}
```

程序运行结果如下：

```
Please input number:5 6 7 8 9 -1↙
sum=35.000000,aver=7.00
```

提示

1）本例中的表达式 while(x! =EOF)能够用表达式 while(x! =-1)取代。但是，好的编程习惯要求使用符号常量并使它的名称与应用相关。

2）例5-1和例5-2都是循环次数确定，可采用计数法控制循环。本例中循环次数不确定，故采用标志法，设法找出循环终止条件。

5.2 do-while 循环

5.2.1 do-while 语句的基本格式

1. 一般格式

do-while 语句的一般格式如下：

do

{

　　语句序列

} **while**（表达式）；

其中，表达式称为“循环条件”，语句称为“循环体”。

2. 执行过程

1）执行 do 后面的循环体语句。

2）计算 while 后面表达式的值，如果其值为“真”，则继续执行循环体；如果表达式的值为“假”，结束循环，执行循环结构后面的语句。do-while 循环的执行流程如图 5-2 所示。

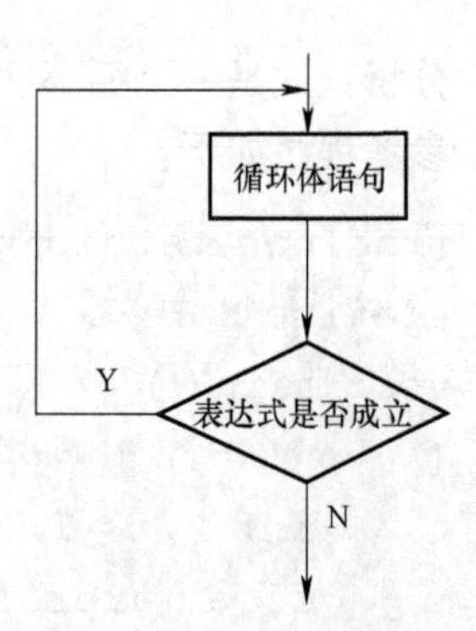

图 5-2　do-while 循环执行流程图

3. 说明

1）while（表达式）;中的分号不能省略。

2）do-while 语句的特点是先执行循环体中的语句再判断循环条件是否为“真”，如果表达式的值一开始就为“假”，则退出循环，但循环体语句已被执行一次，因此 do-while 循环结构的循环体语句至少被执行一次。

3）复合语句、避免死循环的要求同 while 循环。

5.2.2　do-while 语句的应用

【例 5-4】　编写程序，计算 1 +2 +3 +… +100 的和（用 do-while 语句实现）

分析：这是一个典型的循环结构程序，可以定义两个整型变量 sun、i。其中 sum 为累加和，i 为循环控制变量，首先为 i、sum 赋初值。执行 do-while 语句时，先执行循环体，重复执行加的操作并将循环控制变量增值；然后再判断循环控制变量是否超过 100，如果没有超过 100，则继续执行循环体，否则循环结束。

参考程序如下：

```
#include <stdio.h>
void main()
{
    int i=1,sum=0;
    do
    {
        sum=sum+i;
        i++;
    }
    while(i<=100);
    printf("sum=%d\n",sum);
}
```

程序运行结果如下：

```
sum=5050
```

【例 5-5】　while 循环和 do-while 循环的比较。

```
1)#include <stdio.h>
  void main( )
```

```
{
    int n =0;
    while(n++ < =1)
          printf("%d\t",n);
      printf("%d\n",n);
}
```

程序运行结果如下：

```
1       2       3
```

执行到while语句时，先判断循环条件是否成立，再确定循环体语句printf（"%d\t"，n）；是否执行。本例中循环体共执行两次。

```
2)#include <stdio.h>
  void main()
  {
      int n =0;
      do
            printf("%d\t",n);
      while(n++ < =1);
      printf("%d\n",n);
}
```

程序运行结果如下：

```
0       1       2       3
```

执行到do语句时，先执行一次循环体，即printf（"%d\t"，n）;，再判断循环条件是否成立以确定循环体语句是否继续执行。本例中循环体共执行3次。do-while循环结构与while循环结构相比，循环体语句多执行一次。

通过比较发现两语句的主要区别：while语句是先判断循环条件，后执行循环体；而do-while语句是先执行一次循环体，后判断循环条件。

5.3 for循环

5.3.1 for语句的基本格式

1. 一般格式

for语句的一般格式如下：

for（表达式1；表达式2；表达式3）

{

循环体语句；

}

说明：

1）表达式1为赋初值表达式，一般为赋值表达式，也可以是其他表达式，用来对循环控制变量赋初值。

2）表达式2为循环条件表达式，一般为关系表达式或逻辑表达式，是控制循环继续的条件。

3）表达式3为增值表达式，一般为赋值表达式或逗号表达式，用来修改循环变量的值以使得循环趋于结束。

4）循环体语句可以是一个语句或复合语句，也可以是空语句。

2. 执行过程

1）计算表达式1的值。

2）计算表达式2的值，如果其值为“真”，则执行循环体，否则跳出循环。

3）计算表达式3的值，转回第2)步重复执行。

在整个for循环过程中，表达式1只计算一次，表达式2和表达式3则可能计算多次；循环体可能多次执行，也可能一次都不执行。for语句的执行过程如图5-3所示。

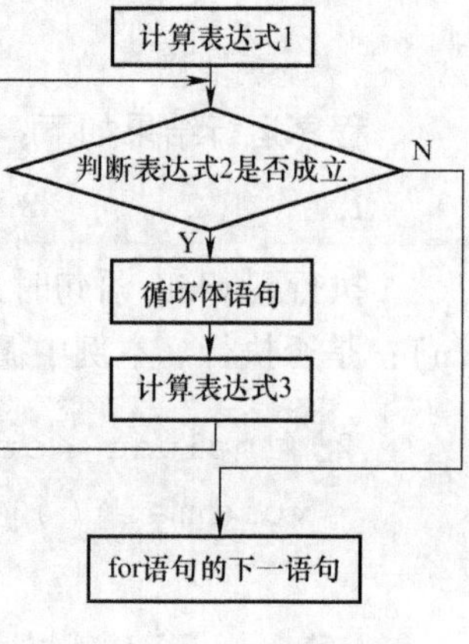

图5-3　for循环流程图

3. 关于for循环的讨论

1）for语句中表达式1、表达式2、表达式3都可以省略，甚至3个表达式可同时省略，但起分隔作用的“;”不能省略。

2）若省略表达式1，即在for语句里不对循环变量赋初值，则应该在for语句前给循环变量赋初值。例如：

```
for(i =1;i < =100;i ++) sum = sum + i;
```

等价于：

```
i =1;for(;i < =100;i ++) sum = sum + i;
```

3）若省略表达式2，即不进行循环条件的判断，循环将无终止地执行下去，此时一定要在循环体语句中设定退出循环的条件。例如：

```
for(i =1; ;i ++) sum = sum + i;                //死循环,无法结束循环
```

可改为：

```
for(i =1; ;i ++)
{
   if(i >100)
      break;                    //break语句为强制退出循环语句
   sum = sum + i;
}
```

4）若省略表达式3，即不在此位置进行循环变量的修改，则一定要在循环体语句中加入改变循环变量值的语句，使循环趋向结束。例如：

```
for(i =1;i < =100; )
{
    sum = sum + i;
    i ++;
}
```

5）若省略表达式1和表达式3，例如：

```
for( ;i < =100; )
{
    sum = sum + i;
    i ++;
}
```

等价于：

```
while(i < =100)
{
    sum = sum + i;
    i ++;
}
```

6）3个表达式都可以省略，但“;”不能省略。例如：

```
for( ; ; )
```

等价于：

```
while(1)
```

5.3.2 for语句的应用

【例5-6】 输出50～100之间不能被3整除的数。

分析：将50～100之间的数逐个判断（判断其能否被3整除，若不能，则输出；否则，不处理）。设变量i表示待处理的数，对i的判断采用选择结构实现，i不能被3整除的条件是“i%3! =0”。循环结构的组成为表达式1（给循环变量赋初值）：i = =50；表达式2（循环条件）：i< =100；表达式3（循环变量的增值）：i++；循环体：判断i能否被3整除并进行相应的操作。

参考程序如下：

```
#include <stdio.h>
void main()
{
    int i;                                  //定义循环控制变量 i
    for(i =50;i < =100;i ++)
```

```
    if(i%3! =0)                    //循环体
        printf("%5d",i);
}
```

程序运行结果如下：

```
50  52  53  55  56  58  59  61  62  64  65  67  68  70  71  73  74  76
77  79  80  82  83  85  86  88  89  91  92  94  95  97  98  100
```

【例5-7】 一球从100m高度自由落下，每次落地后反跳回原高度的一半，再落下，求它在 第10次落地时，共经过多少米？第10次反弹多高？

分析：将每次落地经过的距离累加。第一次落地时的距离为100m，其后每次落地后，球要先反弹后再自由落下，所以累加的一般项为前一项的一半的两倍。定义变量sn为第10次落地后共经过的米数，初值为100；定义变量hn为累加项，初值为sn/2；定义变量n为循环变量，初值为2。

参考程序如下：

```
#include <stdio.h>
void main()
{
    float sn =100.0,hn = sn/2;
    int n;
    for(n =2;n < =10;n++)
    {
        sn = sn +2* hn;                      //第n次落地时共经过的
                                              米数
        hn = hn/2;                           //第n次反跳高度
    }
    printf("the total of road is %f meter \n",sn);
    printf("the tenth is %f meter \n",hn);
}
```

程序运行结果如下：

```
the total of road is 299.609375 meter
the tenth is 0.097656 meter
```

5.4 循环嵌套

一个循环体中又包含了另一个完整的循环结构，则称为多重循环或循环的嵌套。处于外部的循环称为外循环，在外循环内部嵌套的循环称为内循环。在C语言中，while语句、do-while语句、for语句都可以相互嵌套，只要符合C语言的语法即可。

【例5-8】 分析下列程序的运行结果及循环的执行过程。

```
#include <stdio.h>
void main()
{
    int i,j;
    float sum=0;
    for(i=1;i<=5;i++)
    {
        for(j=1;j<=i;j++)
            printf("* ");
        printf("\n");
    }
}
```

程序运行结果如下：

```
*
**
***
****
*****
```

该程序为双层的循环嵌套语句，输出一个由“＊”组成的直角三角形图形。外循环i的变化规律为1、2、3、4，用于控制输出图形的行数；内循环j的变化规律为1~i，用于控制每行输出“＊”的数量。i=1，j=1；i=2，j=1~2；i=3，j=1~3；i=4，j=1~4；i=5，j=1~5。每行输出完后，加一个换行语句。

【例5-9】 计算1！+2！+3！+…+100！。要求使用嵌套循环。

分析：要计算1~100阶乘的累加和，可以用外循环变量i控制累加项的个数，i=1~100，第1个累加项为1!，第2个累加项为2！……第i个累加项为i!；用内循环变量j来控制累加项的变化，j=1~i。

参考程序如下：

```
#include <stdio.h>
void main( )
{
    int i, j;
    double item, sum;                    //变量 item 中存放阶乘的值
    sum=0;
    for(i=1;i<=100;i++)
    {                                    //外层循环执行100次,求累加和
        item=1;                          //置 item 的初值为1,以保证每次
                                           求阶乘都从1开始连乘
```

```
        for(j =1;j < =i;j ++)          //内层循环重复 i 次,算出 item =i!
             item =item* j;
        sum =sum +item;                //把 i! 累加到 sum 中
    }
        printf("1! + 2! +... + 100! =%e \n",sum);//用指数形式输出结果
}
```

程序运行结果如下：

```
1! + 2! +... + 100! = 9.426900e +157
```

5.5 break 语句、continue 语句

5.5.1 break 语句

break 语句通常用在循环语句和 switch 语句中。当 break 用于 switch 中时，可使程序跳出 switch 结构。break 在 switch 中的用法已在前面介绍选择结构时的例子中碰到，这里不再举例。

当 break 语句用于 while、do-while、for 循环语句中时，可使程序终止循环而执行循环后面的语句。

语法：break;

说明：

1）break 语句可以改变程序的控制流。

2）break 语句通常在循环中与条件语句一起使用。若条件值为真，将跳出循环，控制流转向循环后面的语句。

3）如果已执行 break 语句，就不会执行循环体中位于 break 语句后的语句。

4）在多层循环中，一个 break 语句只向外跳一层。

【例 5-10】 统计从键盘输入的若干个字符中有效字符的个数，以换行符作为输入结束。有效字符是指第一个空格符前面的字符，若输入字符中没有空格符，则有效字符为除了换行符之外的所有字符。

分析：假设输入的字符为 ch，有效字符个数为 count。先判断 ch 是否为换行符，若不是，则判断该字符是否为空格符，若不是空格符则把有效字符数 count 加 1，若是空格符则程序终止循环。

参考程序如下：

```
#include <stdio.h>
void main()
{
    int count =0,ch;
    printf("请输入一行字符:");
```

```
    while((ch=getchar())!='\n')
    {
        if(ch==' ')
            break;
        count++;
    }
    printf("\n共有%d个有效字符。\n",count);
}
```

程序运行结果如下：

```
请输入一行字符:Hello world↙
共有5个有效字符。
```

5.5.2 continue语句

continue语句的作用是跳过循环体中剩余的语句而强行执行下一次循环。continue语句只用在while、do-while、for等循环体中。

语法：continue；

说明：

1）continue语句只能用在for、while、do-while等循环体中，常与if条件语句一起使用，用来终止本次循环，提前进入下一次循环，从而加速整个循环过程。

2）对于while和do-while循环，continue语句执行之后的动作是while中关于表达式的条件判断；对于for循环，随后的动作是for（语句1；语句2；语句3）中关于语句3的变量更新。

continue语句和break语句不同，它不终止循环的运行，而是结束本次循环。break语句则是强制终止整个循环过程。有如下两个循环结构：

```
1)while(表达式1)
  { ……
    if(表达式2)break;
    ……
  }
```

```
2)while(表达式1)
  { ……
    if(表达式2)continue;
    ……
  }
```

程序1）的流程图如图5-4所示，程序2）的流程图如图5-5所示。特别注意，当图中“表达式2”为真时流程的转向。

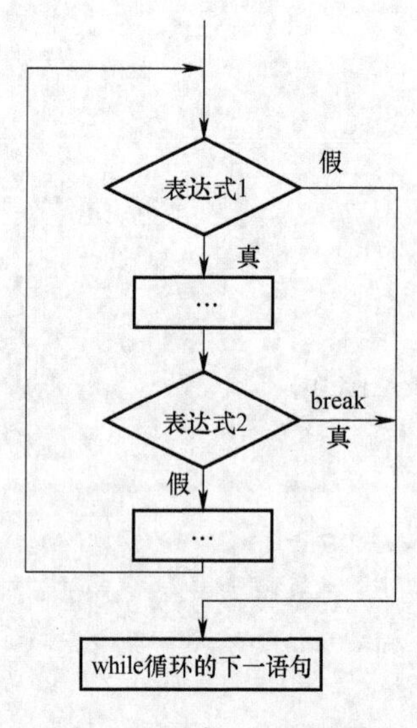

图 5-4　程序 1）流程图

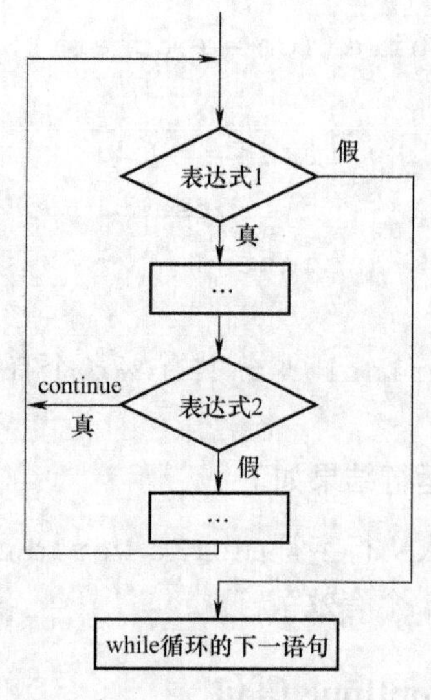

图 5-5　程序 2）流程图

【例 5-11】 求输入的 10 个整数中正数的个数及其平均值。

分析：假设从键盘输入的整数为 num，正数的个数为 count，正数的总和为 sum。若 num≤0，则正数的个数 n 不增加且不计入总和，得重新输入数据；否则 count 的值加 1，总和为 sum = sum + num，平均值为 sum/count。

参考程序如下：

```
#include <stdio.h>
void main()
{
    int i,num,count =0;
    float sum =0;
    printf("\n 请输入十个整数:");
    for(i =0;i <10;i ++)
    {
        scanf("%d",&num);
        if(num < =0)
            continue;
        count ++;
        sum + =num;
    }
    printf("%d 个正数的总和为:%.0f \n",count,sum);
    printf("平均值为:%.2f \n",sum/count);
}
```

程序运行结果如下：

```
请输入十个整数:1 2 -3 4 -5 6 7 8 9 10↙
8 个正数的总和为:47
平均值为:5.88
```

说明:

1）如果 num≤0，执行 continue 语句，结束本次循环，即跳过循环体中剩余的语句 count++；sum += num;。只有不满足 num≤0 时，才执行 count++；sum += num；语句。

2）从逻辑上讲，改变 if 语句条件表达式所表示的条件，就可以不需要使用 continue 语句。读者可以考虑把上述程序不用 continue 语句来实现。

5.6 知识点强化与应用

循环结构通常是程序的一部分，与选择结构相比，多了“重复执行”的内容，故循环的结束条件、循环的次数是否正确很重要。循环结构的程序设计步骤如下:

1）分析出程序的循环控制因素以及多个循环控制因素之间的关系。

2）分析出正确的循环次数和循环结束条件。

3）确定开始循环前的状态（初始值）。

4）设计在满足循环条件时需要反复执行的循环体算法。

一般情况下，首先分析循环变化的内容，如果循环变化的内容是关联的，则用同一个循环来控制；如果循环变化的内容是不关联的，则这些变化的内容应由多个循环来控制，即嵌套的循环。

【例 5-12】 素数问题。求 100 以内的全部素数，每行输出 10 个。

分析: 素数是只能被 1 和其本身整除的数。判断一个数 m 是否为素数的基本思想是，对 m 用 2 ~ m - 1 之间的整数逐个去除，只要有一个数能将 m 整除，就说明 m 不是素数。这是一个需要进行重复测试的过程，需要使用循环结构处理。题目要求输出 100 以内的所有素数，1 不是素数，所以只需要对 2 ~ 100 之间的整数逐个测试，同样需要使用循环的嵌套结构来解决。

参考程序如下:

```
#include <stdio.h>
void main()
{
    int count, i, m, n;
    count = 0;                      //count 记录素数的个数,用于控制输出格式
    for(m = 2; m <= 100; m++)       //外循环变量 m 取 2 ~100 之间的所有整数
    {
      for(i = 2; i < m; i++)        //内循环测试 m 是否为素数
           if(m % i == 0)
             break;                 //若条件满足,m 不是素数
```

```
        if(i >=m)
        {                               //如果m是素数
                printf("%6d",m);        //输出m
                count++;                //累加已经输出的素数个数
                if(count % 10 == 0)     //如果count是10的倍数,换行
                  printf("\n");
        }
    }
    printf("\n");
}
```

程序运行结果如下：

```
  2    3    5    7   11   13   17   19   23   29
 31   37   41   43   47   53   59   61   67   71
 73   79   83   89   97
```

事实上2以上的所有偶数均不是素数，可在循环时去掉n为偶数的循环，此外只需要对m用2～$\sqrt{m}$去除就可以判断该数是否为素数，提高了程序的执行效率。

参考程序如下：

```
#include <stdio.h>
#include <math.h>                       //调用求平方根函数,需要包含数学库
int main(void)
{
      int count, i, m, n;
      count=0;
      for(m=2;m<=100;m++)
      {
         if(m!=2&&m%2==0)               //去掉2以上的所有偶数
              continue;
         n=sqrt(m);
         for(i=2;i<=n;i++)
              if(m%i==0)
                   break;
              if(i>n)
              {
                   printf("%6d",m);
                   count++;
                   if(count%10==0)
```

```
                printf("\n");
            }
    }
    printf("\n");
}
```

思考

1）参考程序中为了去掉2以上所有偶数使用了continue语句结束当前循环。是否可以改写for语句实现同样的功能，改写程序验证一下。

2）内循环中，若满足m%i = =0的条件，说明除了1和本身之外有整数可以将m整除，m不是素数，则使用break语句强制结束循环，导致内循环非正常结束。能否通过设置标志变量，不使用break语句，根据标志变量的值来判断是否为素数，改写程序验证一下。

【例5-13】 菲波那契（Fibonacci）数列问题。输出菲波那契序列的前10项。著名意大利数学家Fibonacci曾提出一个有趣的问题：设有一对新生兔子，从第三个月开始它们每个月都生一对兔子。按此规律，并假设没有兔子死亡，一年后共有多少对兔子。

人们发现每月的兔子数组成如下数列：

1，1，2，3，5，8，13，21，34，…

并把它称为Fibonacci数列。

分析：Fibonacci数列的各项值为1，1，2，3，5，8，13，21，…。不难发现这个数列的特点：第1、2项的值都是1，从第3项开始，以后每一项值都是它相邻前两项值之和。以此类推，得出这个数列的第n项的值（设n表示月份，F（n）表示第n月的兔子对数）：

$F(1)=1 \quad (n=1)$

$F(2)=1 \quad (n=2)$

$F(n)=F(n-1)+F(n-2) \quad (n \geqslant 3)$

这是一个按照数据数列的顺序不断向后推的递推算法，可以采用循环结构来实现，方法是重复使用变量名，一个变量名在不同的时间代表不同的项。设变量f1、f2、f3，为f1和f2赋初值1，即前两项的值，使f3 = f1 + f2；变量f1可以重复使用，用于存放f2的值，f2也可重复使用，存放f3的值，再求f3 = f1 + f2得到第4项。以此类推，可以计算出Fibonacci数列的每项值。

参考程序如下：

```
#include <stdio.h>
void main()
{
    long f1 =1,f2 =1,f3;
    int i;
    printf("%6d%6d ",f1,f2);
    for(i =3;i < =10;i++)              //产生第3到10项
    {
```

```
        f3 = f1 + f2;                        //递推出第 i 项
        f1 = f2;
        f2 = f3;                             //进行下一步递推
        printf("%6d",f3);
    }
    printf("\n");
}
```

程序运行结果如下:

```
1    1    2    3    5    8    13    21    34    55
```

以上程序还可以改进。设变量 f1 和 f2 并赋初值 1，即前两项的值。变量 f1 可以重复使用，用于存放 f1 + f2 的值，即 f1 + f2→新 f1。变量 f2 也可重复使用，用于存放 f2 + 新 f1 的值，即 f2 + 新 f1→新 f2。

参考程序如下:

```
#include <stdio.h>
void main()
{
    long f1 =1,f2 =1;
    int i;
    printf("%6d%6d ",f1,f2);
    for(i =3;i < =6;i ++)                       //产生第 3 项 ~第 10 项
    {
        f1 = f1 + f2;                           //递推出两项
        f2 = f2 + f1;
        printf("%6d%6d",f1,f2);
    }
    printf("\n");
}
```

思考

f1 = f2 和 f2 = f3 能否对换位置?

【例 5-14】 搬砖问题：有 36 块砖，由 36 人搬。一男搬 4 块，一女搬 3 块，两个小孩抬一块。要求一次全部搬完。问男、女、小孩人数各若干?

分析：题目要求找出符合条件的男生、女生和小孩的人数。设男生人数为 man，女生人数为 woman，小孩人数为 child。由题意可知，man、woman、child 的取值范围分别为 9≥man≥0、12≥woman≥0、36≥child≥0。小孩人数必须为偶数，且 man、woman、child 的值必须同时满足条件 man × 4 + woman × 3 + child/2 = 36、man + woman + child = 36。满足上述条件的 man、woman、child 的值就是该题的答案，可以采用三重嵌套循环实现。

参考程序如下：

```
#include <stdio.h>
void main()
{
  int child, woman,man;
  for(man=0;man<=9;man++)
    for(woman=0;woman<=12;woman++)
      for(child=0;child<=36;child+=2)       //child的增量为2
        if(man+woman+child==36&&man*4+woman*3+child/2==36)
              printf("man=%d, woman=%d, child=%d\n", man,
              woman, child);
}
```

程序运行结果如下：

```
man=3,woman=3,child=30
```

本例也可采用双层循环，参考程序如下：

```
#include <stdio.h>
void main()
{
    int child, woman,man;
    for(man=0;man<=9;man++)
        for(woman=0;woman<=12;woman++)
        {
            child=36-woman-man;
            if(man*4+woman*3+child/2.0==36)
                printf("man=%d, woman=%d, child=%d\n", man,
                woman, child);
        }
}
```

思考

child/2.0能否改为child/2，结果怎样？

5.7 小结

本章主要介绍C语言用于实现循环结构的while语句、do-while语句、for语句，以及循环的嵌套、break语句、continue语句和循环结构程序设计的思路和方法。

1）while循环、do-while循环、for循环都需要设置循环控制变量的初始值、循环条件的判断、循环控制变量的修改。三种循环都可以用 break 语句来结束循环，用 continue 语句来结束当前循环。

2）while 循环和 do-while 循环只有在初始条件不成立时有区别，否则两者完全相同。for 循环和 while 循环功能相同，形式不同。使用计数控制循环时，for 循环比 while 循环更容易使用。for 语句的括号内是 3 个分号隔开的项，每一项都是可选的，但分号不能省略。

3）三种循环语句可以相互嵌套组成多重循环。

在结构化程序设计中，三种基本结构并不是彼此孤立的，在循环结构中可以有顺序结构、选择结构，在选择结构中也可以有循环结构、顺序结构。如果把选择语句和循环语句看成是一条完整的语句，则它本身又是构成顺序结构的一个元素。在实际编程中常将这三种结构相互结合实现各种算法。

【案例分析与实现】

如图 5-6 所示，在系统菜单的提示下，用户输入需要进行操作的序号后，给出进行操作的提示，接受用户下次的操作输入，直到输入非法（1 ~ 8 以外的数字）后程序结束。

分析：系统菜单共有 8 个选项，用户选择不同的选项输入，系统会给出相应的操作提示，可以使用多分支选择结构语句 switch 来实现。本例中需要多次接受用户的操作输入并判断，可在选择结构外加上循环结构。

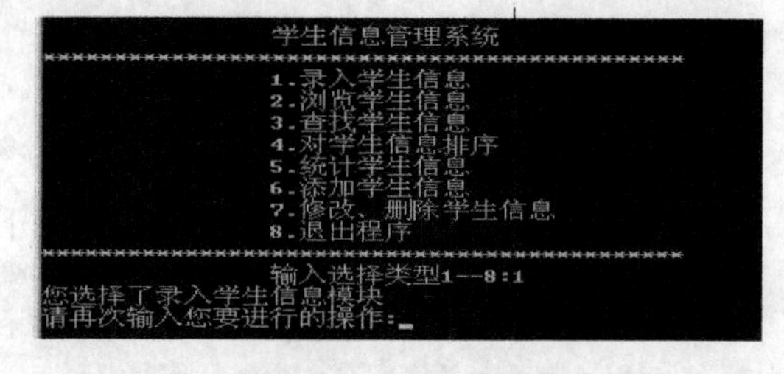

图 5-6　系统菜单界面

参考程序如下：

```
#include <stdio.h>
void main()
{
    int t;
    char c;
    while(1)
    {
        system("cls");
        meun();
        printf("输入选择类型 1 - -8: ");
        scanf("%d",&t);
        switch(t)
            {
                case 1:
                    printf("你选择了录入学生信息模块\n");
                        break;
                case 2:
                    printf("你选择了浏览学生信息模块\n");
```

```
                break;
            case 3:
                printf("你选择了查找学生信息模块\n");
                    break;
            case 4:
                printf("你选择了对学生信息排序模块\n");
                    break;
            case 5:
                printf("你选择了统计学生信息模块\n");
                    break;
            case 6:
                printf("你选择了添加学生信息模块\n");
                    break;
            case 7:
                printf("你选择了修改学生信息模块\n");
                    break;
            case 8:
                printf("请输入任意键退出程序\n");
                    exit(0);
            default:
                printf("没有此选项,请重新选择:");
        }
    }
}
```

提示

1）while 循环内嵌套一个选择结构，用于完成每次输入操作的判断与提示。执行提示语句后遇到 break 语句就退出 switch 语句，接着无条件进行下一次循环（程序等待用户下次操作输入）。

2）此例采用 while 循环结构，由于循环要无条件执行，则 while 后表达式值为 1，即恒为“真”。

3）循环体一直执行下去程序会陷入死循环，循环体中需要加入使循环趋于结束的语句。

习　　题

1. 编程计算 1 +3 +5 +7 + … +99 +101 的值。
2. 编程计算 1 ×2 ×3 +3 ×4 ×5 + … +99 ×100 ×101 的值。
3. 编程计算 a + aa + aaa + … + aa…a（n 个 a）的值，n 和 a 的值由键盘输入。
4. 编程打印以下图案。

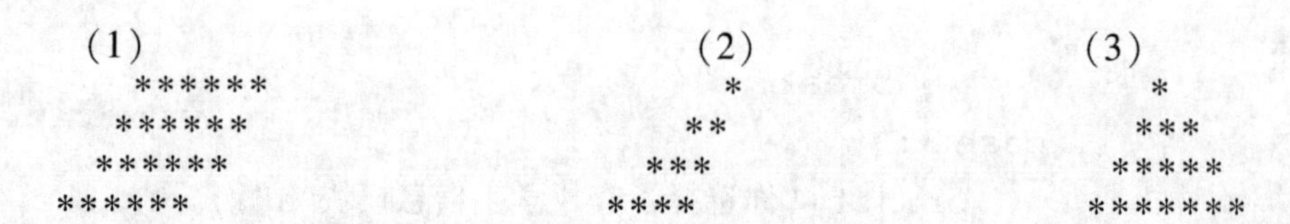

5. 利用泰勒级数 $e = 1 + \frac{1}{1!} + \frac{1}{2!} + \frac{1}{3!} + \cdots + \frac{1}{n!}$ 计算 e 的近似值，当最后一项的绝对值小于 10^{-5} 时认为达到了精度要求。要求统计总共累加了多少项。

6. 打印所有的“水仙花数”。所谓“水仙花数”，是指一个 3 位数，其各位数字的立方和等于该数本身。例如，153 是“水仙花数”，因为 $153 = 1^3 + 5^3 + 3^3$。

7. 爱因斯坦数学题。爱因斯坦曾出过这样一道数学题：有一条长阶梯，若每步跨 2 阶，最后剩下 1 阶；若每步跨 3 阶，最后剩下 2 阶；若每步跨 5 阶，最后剩下 4 阶；若每步跨 6 阶，最后剩下 5 阶；只有每步跨 7 阶，最后才正好 1 阶不剩。请问，这条阶梯共有多少阶？

第6章 数组

学习要点

1. 一维数组的定义、元素引用及初始化
2. 二维数组的定义、元素引用及初始化
3. 字符数组的定义与初始化
4. 字符串输入、输出方法及常用的字符串处理函数
5. 简单的算法（排序、查找等算法）

导入案例

案例：多数据的存储及处理

完成10个学生信息（学号，性别，英语、高等数学、计算机考试成绩）的输入，求出每个同学的考试平均分，并将所有同学信息按照格式输出（平均分小数点后保留两位有效数字输出）。

分析：若使用一般变量对案例中的数据进行处理，将需要定义10个变量存储性别，10个变量存储学号，10个变量存储英语成绩，10个变量存储数学成绩，10个变量存储计算机成绩，10个变量存储总分，总共至少包含60个变量，很显然用常规的思路处理是不太合适的。该如何完成这些大量的有一定关联的数据存储呢？如何实现对数据排序呢？

在前面的章节中，当处理的数据个数很少时，马上会想到定义几个变量来存储这些数据，这种思路无疑是很正确的。但当需要处理的数据很多（几十、上百甚至上万个数据）时，就不可能一一去定义那么多变量来处理。例如，若需要将100个同学的计算机考试成绩保存下来，此时去定义100个变量来存储这些数据是不明智的，对于解决这一类问题的最好方法是使用数组（Array）。

所谓数组，是一组具有相同类型且具有相同意义的数据的有序集合。构成数组的所有单元称为数组元素，数组中的每个元素应具有相同的数据类型，而数组元素的序号称为下标。人们通常用统一的数组名和唯一确定的下标来具体定位到数组中的某一个元素。

在C语言中，数组属于构造数据类型。一个数组可以包含多个数组元素，这些数组元素可以是基本数据类型（整型、实型、字符型）或是构造类型。因此，按数组元素的类型不同，数组又可分为数值数组、字符数组、指针数组、结构数组等各种类型。

本章主要介绍数值数组和字符数组及其一维和二维数组的定义与使用。

6.1 一维数组

在现实生活中，经常需要对大量的数据进行处理，如一个班级中40个同学的具体信息（如学号、姓名、性别、考试分数等），此时可以使用多个一维数组对数据进行存储。

6.1.1 一维数组的定义

C语言规定变量必须先定义后使用，数组也是一样必须先进行定义。C语言中一维数组的定义形式为：

数据类型 数组名［常量表达式］；

例如：

```
int a[5];              //定义了一个最多可以存放5个整型元素的整型数组a
float b[10];           //定义了一个最多可以存放10个实型元素的实型数组b
char c[100];           //定义了一个最多可以存放100个字符型元素的字符数组c
```

说明：

1）数据类型一般为整型、实型、字符型等基本数据类型，但也可以是其他的数据类型（如结构体类型、枚举类型等）。

2）数组名的命名规则与变量命名相同，即遵循标识符的命名规则。

3）在定义数组时，需要由常量或常量表达式来指定该数组中可以存放元素的个数，即数组的长度。

4）常量表达式中可以包含数字常量和符号常量，但不能包含变量。例如，以下的定义是不合法的：

```
int n =5;
int a[n];
```

数组定义以后，计算机将为该数组中的多个元素开辟连续的内存空间，每个元素所占据的内存空间的字节数取决于该数据类型所需要的字节个数。

定义数组并不是目的，该如何使用被定义过的数组中的元素呢？

6.1.2 一维数组元素的引用

当数组定义了以后，就可以用数组名和下标来引用该数组中的所有元素了。一维数组元素的引用方法为：

数组名［下标］；

例如：

```
a[3] =10;
b[9] =1.5;
printf("%f",b[9]);
c[10] ='B';
```

C 语言规定，对数组元素只能采用下标的形式逐个引用，此时这些元素就可以和普通的变量一样进行各种操作了。

说明：

1）下标必须是整型的常量、变量或表达式。

2）下标的范围 0≤T≤数组长度 -1（T 表示数组元素的下标）。

3）内存空间中数组元素是按顺序存放的，a［0］、a［1］、a［2］……依次排列。

例如，当定义了 int a［5］数组后，下列对数组元素的引用是合法的：

```
a[0],a[2],a[4];
int i =3;a[i];
```

而下列对数组的引用是非法的：

```
a[-1],a[2.5],a[5];
```

注意：若数组下标不在规定的范围内，称为访问数组下标越界。在程序执行时，若发生下标越界，编译系统不会进行错误提示，防范下标越界是程序员自己的职责。

【例 6-1】 从键盘动态输入 8 个整数，然后将这些数按顺序输出。

分析：需要处理的数据是 8 个相同类型相同意义的数据，可以用数组来实现。

参考程序如下：

```
#include <stdio.h>
void main()
{
    int a[8],i;
    printf("Input the numbers:\n");
    for(i =0;i <8;i ++)                    //用 i 变量控制数组元素下标,注意 i
                                             值的范围,防止下标越界
        scanf("%d",&a[i]);
    for(i =0;i <8;i ++)
        printf("%d ",a[i]);
    printf("\n");
}
```

6.1.3　一维数组元素的初始化

上面程序中对数组元素的赋值是通过循环逐个来实现的，这要占用程序一定的运行时间。实际上，可以在定义数组的同时就为其部分或全部元素赋值，这称为对数组元素的初始化，这样可提高程序的运行效率。

数组的初始化有以下几种情况。

1）对全部元素进行初始化。例如：

```
int a[5] ={0,1,2,3,4};
```

将数组元素的初始值依次放在一个大括号内，并以逗号分隔，这样这些数值会按顺序依次赋给第0个、第1个……第i个数组元素。通过以上初始化语句后，a［0］=0、a［1］=1、a［2］=2、a［3］=3、a［4］=4。

2）只给部分元素赋初值。例如：

```
int b[5] ={0,1,2};
```

定义数组b的长度为5，但后面大括号中只给了3个初始值，这表示分别将0、1、2赋值给b［0］、b［1］、b［2］3个元素，剩下的数组元素全部赋初值为0。

3）给全部数组元素赋初值0。例如：

```
int c[5] ={0,0,0,0,0};
```

或

```
int c[5] ={0};
```

思考

若需要将数组中所有元素初始化为3，使用下面的语句可以达到效果吗？

```
int c[5] ={3};
```

4）对全部数组元素赋初值时，可以不指定数组长度。例如：

```
int a[5] ={0,1,2,3,4};
```

它等效于：

```
int a[ ] ={0,1,2,3,4};
```

此时，系统会根据实际提供的初始值个数自动确定该数组的长度为5。

思考

以下两种数组初始化的结果等效吗？

```
int a[10] ={0,1,2,3,4};
int a[ ] ={0,1,2,3,4};
```

【例6-2】 分析下面程序的执行结果。

```
#include <stdio.h>
void main()
{
    int i;
    int a[5] ={1,2,3,4,5};
    int b[5] ={1,2,3};
    int c[] ={1,2,3,4,5};
    int d[5] ={1};
    printf("arry a is:  ");
    for(i =0;i <5;i ++)
        printf("%d ",a[i]);
    printf("\n arry b is:  ");
```

```
    for(i=0;i<5;i++)
        printf("%d ",b[i]);
    printf("\n arry c is:  ");
    for(i=0;i<5;i++)
        printf("%d ",c[i]);
    printf("\n arry d is:  ");
    for(i=0;i<5;i++)
        printf("%d ",d[i]);
    printf("\n");
}
```

程序运行结果如图6-1所示。

```
 arry a is:  1 2 3 4 5
 arry b is:  1 2 3 0 0
 arry c is:  1 2 3 4 5
 arry d is:  1 0 0 0 0
Press any key to continue
```

图6-1　例6-2程序运行结果

提示

数组的使用一般都会结合循环结构来实现，其中for循环使用最为普遍。

6.2　二维数组

在生活中有时候处理的数据比一维数组会复杂一些，比如需要描述象棋棋盘所有点的位置，此时需要用2个下标来确定其具体位置，而对于更复杂的飞机导航，其所在的空间位置则需要用3个下标才能确定，因此还需要用到二维或者多维数组。

所谓数组维数就是指在定位该数组元素时所需要下标的个数，只需要1个下标的即为一维数组，需要2个下标的称为二维数组，需要3个下标的称为三维数组。习惯上将三维或三维以上的数组称为多维数组，因为多维数组在日常应用不多，所以在这里只介绍二维数组的使用。

6.2.1　二维数组的定义

二维数组的定义形式为：

数据类型　数组名［常量表达式1］［常量表达式2］;

其中，“常量表达式1”代表二维数组的行数；“常量表达式2”代表该二维数组的列数。例如：

```
int a[3][4];
```

该语句定义了一个3行4列共12个元素的整型数组a。

C语言对二维数组采用这样的定义方式，使得二维数组可以被理解成是由多个一维数组组成的数组。例如，上面定义的数组 a 可以看作是有 3 个（即该二维数组的行数）元素的一维数组，这 3 个元素分别是 a [0]、a [1]、a [2]。因此，可以把 a [0]、a [1]、a [2] 看作是 3 个一维数组的数组名，而每个一维数组又是一个有 4 个（该二维数组的列数）整型元素的一维数组。并且，在计算机内存中，这几个元素是以行为顺序进行存放的，即先顺序存放第 1 行的 4 个元素，再存放第 2 行以及第 3 行的元素。

二维数组定义中常见的错误是把行、列数用一个方括号括起来。例如：

```
int a[3,4];
```

这种定义方式是错误的。

6.2.2　二维数组元素的引用

同一维数组元素的引用一样，二维数组元素也是通过数组名和下标来引用的，只是这里需要用两个下标分别表示行号和列号。二维数组元素的引用方法为：

数组名 [下标 1] [下标 2];

说明：

1）“下标 1”与“下标 2”分别表示该数组元素的行号和列号。

2）同一维数组元素的引用方法一样，若分别用变量 i 和变量 j 来表示某二维数组元素的行号和列号，则 i 和 j 的范围为 0≤i≤行数 -1、0≤j≤列数 -1。即若定义了数组 int a [3] [4] 后，其第 1 个元素应为 a [0] [0]，最后一个元素为 a [2] [3]，若用 a [0] [4]、a [1] [4]、a [3] [2] 的引用方法则超出了数组引用的范围，即发生了数组下标越界。

3）对二维数组的处理，通常是使用两重 for 循环嵌套来完成的。其中，外层循环控制行号，内层循环控制列号，其一般格式为

```
for(i =0;i < =行数 -1;i ++)
    for(j =0;j < =列数 -1;j ++)
        {
            对 a[i][j]进行操作;
        }
```

【例 6-3】 定义一个 4 行 3 列的整型数组，通过键盘动态输入数据后，将其按照 4 行 3 列的格式对齐输出。

分析：定义 4 行 3 列的数组 a，使用 for 循环嵌套为其赋值后，再使用 for 循环嵌套结合 printf 函数输出。

参考程序如下。

```
#include <stdio.h >
void main()
{
    int a[4][3],i,j;
    for(i =0;i <4;i ++)
        for(j =0;j <3;j ++)
```

```
            scanf("%d",&a[i][j]);
    printf("该数组元素为:\n");
    for(i=0;i<4;i++)
    {
        for(j=0;j<3;j++)
            printf("%4d",a[i][j]);
        printf("\n");
    }
    printf("\n");
}
```

说明：

1）二维数组一般在日常使用中是按照行列的格式排列，但是在计算机内存单元中还是按照线性结构存放的，只不过人为地将其按照需要的格式输出，因此输出时需要结合格式控制。

2）注意第二个循环嵌套中哪些语句为外层循环嵌套的执行语句，哪些语句为内层循环嵌套的执行语句。

6.2.3　二维数组元素的初始化

可以采用以下方法对二维数组元素进行初始化。

1）分行给二维数组赋初值。例如：

```
int a[3][4]={{1,2,3,4},{5,6,7,8},{9,10,11,12}};
```

该赋值语句明确表明了哪些值是赋给第1行元素的，哪些值是赋给第2行元素的。即把第1个花括号中的数值1、2、3、4依次赋给第1行中的元素a[0][0]、a[0][1]、a[0][2]、a[0][3]，把第2个花括号中的数值5、6、7、8依次赋给第2行中的元素a[1][0]、a[1][1]、a[1][2]、a[1][3]，依此类推。

2）在一个花括号内对所有元素赋初值。例如，上面的赋值语句也可以改写为

```
int a[3][4]={1,2,3,4,5,6,7,8,9,10,11,12};
```

赋值效果一样，但此种初始化方法不太直观，数据容易遗漏，也不易检查。

3）只对部分元素赋初值。例如：

```
int a[3][4]={{0,1},{0,6},{2,3,4,5}};
```

通过这样赋值后，数组元素的初值为

$$\begin{pmatrix} 0 & 1 & 0 & 0 \\ 0 & 6 & 0 & 0 \\ 2 & 3 & 4 & 5 \end{pmatrix}$$

又如：

```
int b[3][4]={{0,1},{},{0,0,6}};
```

通过这样赋值后，数组元素的初值为

$$\begin{pmatrix} 0 & 1 & 0 & 0 \\ 0 & 0 & 0 & 0 \\ 0 & 0 & 6 & 0 \end{pmatrix}$$

还如：

```
int c[3][4]={{0,1},{0,6}};
```

通过这样赋值后，数组元素的初值为

$$\begin{pmatrix} 0 & 1 & 0 & 0 \\ 0 & 6 & 0 & 0 \\ 0 & 0 & 0 & 0 \end{pmatrix}$$

4）如果对全部元素都赋初值（提供全部初始数据），则定义数组时对第一维的长度可以不指定，但第二维长度不能省略。例如：

```
int a[3][4]={1,2,3,4,5,6,7,8,9,10,11,12};
```

等价于：

```
int a[ ][4]={1,2,3,4,5,6,7,8,9,10,11,12};
```

因为编译器会根据提供的数据个数与列数计算出数组的行数。

6.3 字符数组和字符串

元素类型为char型的数组为字符数组。字符数组在日常应用中使用较多，它有与其他数组相同的共性，也有其自身的特点。本节将集中讨论字符数组的处理规则。

6.3.1 字符数组的定义

字符数组的定义与其他类型的数组定义基本相似，只不过字符数组的数据类型确定为char型。例如：

```
char str1[5];
```

定义了一个一维的字符数组str1，可以存放5个字符型数据。

```
char str2[3][4];
```

定义了一个3行4列的二维字符数组str2。

6.3.2 字符数组的初始化

字符数组的初始化与其他类型数组的初始化有相似的方法。

1）用单个字符逐个对数组中的元素进行初始化。例如：

```
char c1[5]={'C','h','i','n','a'};
```

其中，c1各元素的存放形式为：

C	h	i	n	a

即将一对花括号中的字符依次分别赋值给 c1［0］～c1［4］。

2）定义的数组长度大于提供的初始值个数。例如：

```
char c2[10] = {'C','h','i','n','a'};
```

此时，会将提供的初始值赋值给 c2［0］～c2［4］，其余的元素 c2［5］～c2［9］自动被定义为空字符（“\0”）。其数据存放形式如下：

C	h	i	n	a	\0	\0	\0	\0	\0

3）如果提供的初值个数与数组长度相同，则在定义时可省略数组长度。例如：

```
char c3[ ] ={'C','h','i','n','a'};
```

此时，系统根据初值个数自动确定数组长度，即 c3 长度自动被定义为 5，这与前面介绍的其他类型的数组处理规则相同。

4）初始化二维字符数组。例如：

```
char stars[5][5] ={{'','','* ','',''},{'','* ','* ','* ',''},{'* ','* ','* ','* ','* '},{'','* ','* ','* ',''},{'','','* ','',''}};
```

若将该字符数组按照 5 行的格式输出，其排列格式如下：

```
    *
  * * *
* * * * *
  * * *
    *
```

6.3.3　字符数组元素的引用

字符数组元素的引用与整型、实型数组引用的方法相同，用数组名和数组下标来具体定位到该数组中的某一个元素。

【例6-4】　一个字符数组中的元素全部为小写字母，现将其全部转换为对应的大写字母输出。

参考程序如下：

```
#include <stdio.h>
void main()
{
    char a[7] ={'a','b','c','d','e','f','g'};
    int i;
    for(i =0;i <7;i ++)
        printf("%2c",a[i] -32);
}
```

6.3.4　字符串的存储

在日常生活中，许多时候需要对字符信息进行处理，如接受用户输入的姓名或账号信息等。在C语言中，没有提供专门的字符串数据类型，对字符串采用的思想是将字符串作为字符数组来处理。现在若需要定义一个字符数组存放某个客户的姓名，程序员去定义该字符数组时，其数组长度该设置为多少呢？当这个数组的长度与实际存放的字符串的长度不相等时，该如何处理？对用户而言，他们关心的是存放的数据长度，而不是该数组的长度，如定义了一个长度为10的字符数组，但实际待存放的字符串长度为5。为了解决这个问题，C语言在每个字符数组所有有效字符的末尾添加了一个“\0”，作为该字符串的结束标志，在字符串的处理过程中，当检查到“\0”字符时，表示该字符串已经结束。“\0”字符是一个“空操作符”，仅仅作为字符串结束标志，不会产生附加的操作或增加有效字符。

当清楚了字符串的存放规则后，之前产生的数组长度和字符串实际长度不等的问题也就解决了。那么在这里再介绍一种对字符数组更简单、更常用的初始化方法，即用一个字符串来初始化一个字符数组。例如：

```
char c[6] = {"China"};
```

也可以写成：

```
char c[6] = "China";
```

注意，此时数组的长度是6，而不能为5，因为该字符串末尾附加有一个表示字符串结束的标志\0。该数组的数据存放形式如下：

C	h	i	n	a	\0

6.3.5 字符数组的输入/输出

1. 字符数组的输入

字符数组常用的输入法有三种：连续字符输入法、格式控制输入法以及用gets函数输入，下面分别介绍这三种输入方法。

（1）连续字符输入法

连续字符输入即把字符数组当作一般的数组来处理，用循环来接受用户输入的字符，常见的操作为：

```
char s[100],ch;
for(int i=0;(ch=getchar())! ='\n';i++)
    s[i]=ch;
s[i]='\0';
```

用户输入字符串，当输入完毕，并输入回车后，表示前面的字符串结束，并将输入的字符逐个依次地赋值给数组中的每个元素。最后为了方便对字符数组的处理，在该字符数组有效字符的末尾强制增加了一个“\0”作为字符串的结束标志，这种使用方法值得大家借鉴。

（2）格式控制输入法

格式控制输入法就是调用标准输入函数scanf，通过参数控制输入的格式。例如：

```
char str2[100];
scanf("%s",str2);
```

用这种方法输入字符串时应注意：

1）格式控制符需用%s，而不能用%c。

2）输入表列中的参数，需给出字符数组的名称，表示该数组的起始地址，而不能用&str2 或 &str2 [i] 的形式。

3）应保证输入的字符个数小于数组的长度。

4）如果输入的字符串中含有空格，这种输入法只能把第一个空格之前的字符串读入数组，第一个空格以后的所有内容被舍弃，并在该数组有效字符的末尾自动添加一个字符串结束标志“\0”。例如：

```
char c[100];
scanf("%s",c);
```

若用户输入 People’s Republic of China，字符数组 c 只接受了第一个空格之前的内容，即其数值为 People’s。

（3）gets 函数输入

gets 函数是由系统提供的内部函数，其功能是从键盘输入一个字符串赋值给字符数组。其调用形式为：

```
gets(字符数组名);
```

例如：

```
char str3[100];
gets(str3);
```

注意：

1）其参数必须为数组名，而不能为该数组的某一元素。

2）字符串的输入过程中，遇到回车键结束，其把回车前的所有字符逐一按顺序赋给该数组的各元素，并把该回车符变为“\0”读入字符数组中，且该字符串中可以包含空格。

大家可以结合实际需要，选择一种合适的输入方法为字符数组赋值，最常用的是采用第二种和第三种方法进行输入。

2. 字符数组的输出

当对字符数组处理结束后，一般需将该数组输出，与字符数组的输入相对应，字符数组输出也有三种操作方法。

（1）逐个字符输出

逐个字符输出即用循环控制字符逐个输出。这种方法和其他类型数组的处理思路相同，如常用的操作结构为：

```
for(int i=0;c[i]! ='\0';i++)
    printf("%c",str[i]);
```

（2）格式控制输出

格式控制输出方式使用“%s”格式控制符，把字符数组作为 printf 函数的参数。其使用格式为：

```
printf("%s",数组名)
```

例如：

```
printf("%s",str2);
```

注意：

1）后面的输出参数为数组名，而不是数组元素名。

2）该方法只能把第一个“\0”字符之前的内容输出，后面的字符将被忽略，且输出后不换行。

(3) puts 函数输出

puts 函数与 gets 函数一样，也是系统内部函数，其用于字符数组中的内容输出。其使用格式为：

```
puts(字符数组);
```

例如：

```
puts(str3);
```

该语句把第一个“\0”字符之前的内容全部输出，后面的字符被忽略，并且自动换行，这是与第二种输出方法不一样的地方。

6.3.6 常用字符串处理函数

针对字符串，C 语言提供了一套系统函数，可以利用这些函数对字符串进行相关操作，它们的原型大多放在“string. h”头文件中，因此调用这些系统函数时，需将该头文件包含进来。

1. 字符串连接函数 strcat

strcat 函数的调用形式为：

```
strcat(str1,str2);
```

该函数的功能：将字符数组 2（str2）拼接到字符数组 1（str1）后，并且字符数组 1 末尾的“\0”被丢弃，整个新的字符串末尾包含一个“\0”字符。例如：

```
char str1[40] = "People's  ";
char str2[20] = "Republic of China";
strcat(str1,str2);
```

函数执行后，字符数组 str1 的内容为 People's Republic of China，字符数组 str2 的内容保持不变。

注意：定义两个数组时，str2 可以不指定长度，但 str1 必须指定长度，并且其长度要足够容纳原 str1 字符串和字符串 str2 拼接后的字符数组。

2. 字符串拷贝函数 strcpy

strcpy 函数的调用形式为：

```
strcpy(str1,str2);
```

该函数的功能：将字符数组 str2 的内容复制到 str1 字符数组。例如：

```
char str1[10] = "China";
char str2[20] = "Chinese";
strcpy(str1,str2);
```

函数执行后，str1、str2 数组中存放的均为 Chinese 字符串。

对该函数的使用中，str2 字符数组可以为一个字符串常量。例如：

```
strcpy(str1, "Chinese");
```

函数执行后，str1 的内容也为 Chinese 字符串。

注意：

1）在定义字符数组 str1 时，要保证其长度足够容纳字符数组 str2 的内容。

2）所有数组都不能直接通过赋值运算符将一个数组的内容整体赋值给另外一个数组。例如：

```
int a[4]={1,2,3,4};
int b[4];
b=a;
```

这是常见的操作错误。

若数组为整型或实型数组，必须通过循环语句将一个数组中的元素逐个赋值给另一个数组。例如：

```
for(int i=0;i<4;i++)
b[i]=a[i];
```

当该数组为字符型数组，则可以通过调用 strcpy 函数来完成两个字符数组的赋值操作。

3. 求字符串的长度函数 strlen

strlen 函数的调用格式为：

```
strlen(str1);
```

该函数的功能：返回字符数组中包含有效字符的个数，其统计的是该字符数组中第一个“\0”之前字符的总个数。例如：

```
char str1[20]="China";
int m=strlen(str1);
```

m 最后的值为 5，注意 m 不等于 20，也不等于 6。

4. 字符串比较函数 strcmp

strcmp 函数的调用格式为：

```
strcmp(str1,str2);
```

该函数的功能：比较两个字符串的大小。其比较的规则是对两个字符串从左向右逐个字符进行比较（按 ASCⅡ码值大小比较），直到出现了不同的字符或遇到“\0”空字符为止。若所有字符对应相等，则判定两个字符串相等；若出现不等的字符，则以第一个不相等的字符的比较结果为准。

该函数有整型的返回值：

若字符串 str1 等于字符串 str2，则函数返回值为 0；

若字符串 str1 大于字符串 str2，则函数返回一个正整数；

若字符串 str1 小于字符串 str2，则函数返回一个负整数。

当判定两个字符串是否相等时，一般采用的方法为：

```
if(strcmp(str1,str2) = =0)
printf("yes!");
```

而不能采用如下的形式判断：

```
if(str1 = =str2)
printf("yes!");
```

6.4 知识点强化与应用

利用数组求解问题的一般步骤为：

1）定义数组。根据所要处理的数据类型和个数来定义合适的数组，对数组命名时，注意数组名的实意性。

2）为数组元素赋值。数组定义后，并未存放确切的数据值，必须根据实际需要为数组中的元素赋初值。

3）处理数组。对已经存放确切数据的数组元素按要求进行处理。

4）输出数组。若程序需要，将数组中的所有或部分元素按一定格式输出。

【例 6-5】 完成 4 个学生信息（学号，性别，英语、高等数学、计算机考试成绩）的输入，求出每个同学的总分后将结果按照格式输出。

分析：定义 6 个长度为 4 的数组分别存放学生的不同信息，然后结合 for 循环进行处理。

参考程序如下：

```
#include <stdio.h>
void main()
{
    long id[4];
    char sex[4];
    int score_eng [4], score_math [4], score_comp [4], score_sum
    [4], i;
    printf (" 请分别输入 4 个同学的学号，性别 [M, F]，英语、高等数学、计
    算机分数：\n");
    for (i=0; i<4; i++)
    {
        scanf ("%ld", &id [i]);
        getchar ();
        scanf ("%c", &sex [i]);
```

```
        scanf("%d%d%d",&score_eng [i], &score_math [i], &score_
        comp [i]);
        score_sum [i] =score_eng [i] +score_math [i] +score_
        comp [i];
    }
    printf (" \t姓名  性别  英语  高等数学  计算机  总分\n");
    for (i=0; i<4; i++)
    {
        printf (" \t%ld\t", id [i]);
        putchar (sex [i]);
        printf (" \t%d\t%d\t%d\t%d\n", score_eng [i],
        score_math [i], score_comp [i], score_sum [i]);
    }
}
```

若按照图6-2所示输入学生数据后，将得到如图6-3所示的运行结果。

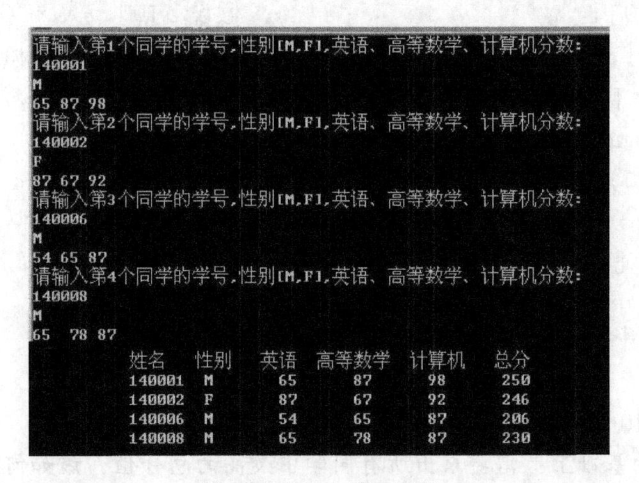

图6-2　例6-5输入示例

提示

1）注意数组命名的实意性原则。

2）学生的有些信息需要用户输入，但是总分信息通过输入的其他分数计算获得，不需要输入。

3）输出学生信息时，注意将输出数据对齐，便于查看。

4）为了加强程序的模块化，尽量不要将两个循环语句合并在一个for循环中完成，从功能上分，这两个循环一个是实现输入操作，一个是完成输出操作。

思考

getchar()语句在程序中起到什么效果，请去掉该语句后执行程序，分析程序结果。

【例 6-6】 输入 10 个整数，求出最大值并将其输出。

分析：可先定义数组，再通过循环为 10 个元素赋初值。欲求 10 个元素中的最大值，不妨先假设第 1 个元素 a[0]为最大，将其赋予变量 max；然后将剩下的 9 个元素依次和 max 变量比较；若 a[i] > max，则用 a[i]更新 max，即 max = a[i]，接着继续与下一个元素进行比较，直到与数组中的所有元素比较完毕。此时，变量 max 中存放的就是这 10 个数中的最大值。

参考程序如下：

```
#include <stdio.h>
void main()
{
    int a[10];
    int i,max;
    printf("Input the numbers:\n");
    for(i=0;i<10;i++)
        scanf("%d",&a[i]);
    max=a[0];                          /* 假设 a[0]最大 */
    for(i=1;i<10;i++)                  /* 让 a[i]元素依次和 max 进行比较 */
        if(a[i]>max)
            max=a[i];
    for(i=0;i<10;i++)
        printf("%2d",a[i]);
        printf("\nThe max=%d\n",max);
}
```

思考

1）若需要求 10 个数据中的最小值，该如何实现？

2）在例 6-5 的基础上，需要求出所有同学中最高的总分值，该如何实现？

【例 6-7】 从键盘输入 10 个整数，按照冒泡法对其排序后从小到大输出。

分析：排序是必须要掌握的基本算法之一，其实现的思路有很多，先介绍一种常用的、最简单的排序算法——冒泡法。冒泡法的思想是将相邻位置上的两个元素进行比较，将较小的那个数调到前面，具体排序思路如下。

如果有 6 个元素，其排序的方法如下（其中“ ⌒ ”表示两个数据正在进行比较，加下划线表示两个数需要进行交换，加□表示该数据位置已经确定）。

初始顺序为：

6　5　8　2　7　9

第一轮比较：

第一次：<u>6　5</u>　8　2　7　9

第二次：5　6　8　2　7　9

第三次：5　6　8　2　7　9

第四次：5　6　2　8　7　9

第五次：5　6　2　7　8　9

结果：　5　6　2　7　8　[9]

在第一轮比较中，总共比较了5次，通过比较后，最大的数9已经被存放到最后，然后在第二轮的比较中对前面5个元素进行比较。

第二轮比较：

第一次：5　6　2　7　8

第二次：5　6　2　7　8

第三次：5　2　6　7　8

第四次：5　2　6　7　8

结果：　5　2　6　7　[8]

在第二轮比较中，共比较了4次，比较完成后，将次大的元素放到了倒数第二位，接着对前面剩下的4个数再进行比较。

第三轮比较：

第一次：5　2　6　7

第二次：2　5　6　7

第三次：2　5　6　7

结果：　2　5　6　[7]

在第三轮的比较中，共比较了3次，比较完成后，将该4个数据中的最大数放到了倒数三位，接着对前面的3个数进行比较。

第四轮比较：

第一次：2　5　6

第二次：2　5　6

结果：　2　5　[6]

在第四轮的比较中，共比较了两次。

第五轮比较：

第一次：2　5

结果：　2　[5]

可以看出，每比较一轮就去掉了一个元素，这样待排序的元素就会越来越少，直到最后只余下两个元素进行比较。

如果有 n 个数需要排序，则需进行 n－1 轮比较，而在第 i 轮的比较中，又需要进行 n－i 次的两两比较。参考程序如下：

```
#include <stdio.h>
#define N 10
void main()
{
    int a[N],i,j,temp;
    printf("Input the numbers:\n");
    for(i=0;i<N;i++)
        scanf("%d",&a[i]);
    printf("Befor sorted:\n");
    for(i=0;i<N;i++)
        printf("%3d ",a[i]);
    for(i=1;i<=N-1;i++)              /* 外层循环控制比较的轮数*/
        for(j=0;j<=N-1-i;j++)        /* 内层循环控制每轮比较的次数*/
            if(a[j]>a[j+1])          /* 前后位置上的两个元素进行比较*/
            {
                temp=a[j];a[j]=a[j+1];a[j+1]=temp;
            }
    printf("\nAfter sorted:\n");
    for(i=0;i<N;i++)
        printf("%3d ",a[i]);
}
```

思考

在例 6-5 的基础上，按照总分由高到低将这些同学的信息排序后再输出，该如何实现？

【例 6-8】 对 8 个整数按照选择法排序，然后按照从大到小顺序输出。

分析：选择法也是常用的排序算法之一。其算法思想是，若对 n 个数据降序排序，将一个数与其后面的每一个数据逐一比较，每次比较后，总是将较大的放在第一个位置，经过 n－1 次比较后，n 个数中最大的那个数就交换到了第一个位置；然后，将第二个数与其后面的 n－2 个数据逐一比较，每次比较后，总是将较大的数据放在第二个位置，经过 n－2 次比较后，n 个数中第二大的那个数就交换到了第二个位置……依次类推，当最后的两个数比较完之后，整个数据序列就是由大到小的顺序。

参考程序如下：

```
#include <stdio.h>
#define N 8
void main()
{
```

```
    int i,j,temp,a[N]={8,4,12,-7,8,65,14,25};
    printf("Befor sorted:\n");
    for(i=0;i<N;i++)
        printf("%3d ",a[i]);
    for(i=0;i<=N-2;i++)              /* 外层循环控制比较的轮数* /
        for(j=i+1;j<=N-1;j++)  /* 内层循环控制每轮比较的次数* /
            if(a[i]<a[j])              /* a[i]与a[j]进行比较* /
            {
                temp=a[i];a[i]=a[j];a[j]=temp;
            }
    printf("\nAfter sorted:\n");
    for(i=0;i<N;i++)
        printf("%3d ",a[i]);
    printf("\n");
}
```

【例6-9】 从键盘输入10个整数，在其中查找某一指定的元素是否存在。若存在，输出其位置；若不存在，输出提示结果。(假设10个数据不重复)

分析：定义长度为10的整型数组后为元素赋值，并定义一个标志位flag以最后判定查找的数据是否存在于数组中，假定不存在，flag=0；从数组第一个元素开始逐一判断其值是否与待查找的数值相等，若不相等则继续判断下一个，若相等则记下当前元素的下标并更改flag为1，且强制退出循环；最后根据flag的值进行判定元素是否存在于数组中，并将判定结果输出。

参考程序如下：

```
#include <stdio.h>
void main()
{
    int a[10],flag=0,i,position,m;
    for(i=0;i<=9;i++)
        scanf("%d",&a[i]);
    printf("请输入需要查找的数值\n");
    scanf("%d",&m);
    for(i=0;i<=9;i++)
        if(a[i]==m)
        {
            flag=1;
            position=i+1;
            break;
        }
```

```
    if(1 = =flag)
        printf("该值在数组中的位置为:%d. \n",position);
    else
        printf("数组中无该元素. \n");
}
```

思考

1）防止将 flag = =1 误写为 flag =1，建议采用 1 = =flag 的写法可以避免发生错误，请分析其原因。

2）在例 6-5 的基础上，查找某一指定学号的学生。若找到，则输出学生的具体信息；若没有找到，输出结果。

3）在例 6-5 的基础上，查找所有性别为“F”的学生信息，并将结果输出。

【例 6-10】 有一个 3 ×4 的矩阵，编程求出每行中的最大元素及其所在的行号和列号。

分析：对于一个二维数组，可以理解为由多个一维数组组成。对于 3 ×4 数组，可理解为由 3 个一维数组构成，每个一维数组有 4 个元素。求每行的最大值即为求每个一维数组的最大值，用循环逐行求出该行中最大的元素及其所在的位置，每行处理结束以后再跳转到下一行。

参考程序如下：

```
#include <stdio.h>
void main()
{
    int a[3][4] ={{1,2,3,4},{8,7,6,5},{9,10,11,12}};
    int i,j,row,colum,max;
    for(i =0;i <3;i++)      /* 外层循环变量控制行数* /
    {
        max =a[i][0];       /* 每次假设该行中的第一个元素为该行中最大元素* /
        row =i;             /* 记录下假定的最大元素的行标和列标* /
        colum =0;
        for(j =0;j <4;j++) /* 内层循环变量控制列数* /
            if(a[i][j] >max)
            {
                max =a[i][j];
                row =i;
                colum =j;
            }
        printf("max =%3d ,row =%d ,colum =%d \n",max,row +1,colum +
        1);
    }
}
```

【例6-11】 输出如下样式的杨辉三角排列（要求输出前10行）。

1
1 1
1 2 1
1 3 3 1
1 4 6 4 1
1 5 10 10 5 1
……

分析：可以把这个三角形作为10×10的二维数组来处理。首先根据数组中元素的构成规律确定各个元素的值，然后再以适当的形式输出各元素。分析该数组元素的值可以得出规律：第1列的所有元素为1，即a［i］［0］＝1；对角线上的元素全为1，即a［i］［i］＝1；其余元素的值满足a［i］［j］＝a［i－1］［j］＋a［i－1］［j－1］。根据图案的排列规律，只需求出并输出主对角线下面的部分。

参考程序如下：

```
#include <stdio.h>
#define N 10
void main()
{
    int a[N][N];
    int i,j;
    for(i=0;i<N;i++)
    {
        a[i][0]=1;                                /* 为第一列元素赋值 */
        a[i][i]=1;                                /* 为对角线元素赋值 *
    }
    for(i=2;i<N;i++)                              /* 注意 i 值的取值范围 */
      for(j=1;j<i;j++)                            /* 注意 j 值的取值范围 */
        a[i][j]=a[i-1][j]+a[i-1][j-1];            /* 为其他元素赋值 /
    for(i=0;i<N;i++)
    {
    for(j=0;j<=i;j++)
        printf("%5d",a[i][j]);
    printf("\n");
    }
}
```

思考

for（i＝2；i＜N；i＋＋）循环中i的初始值是否可以更改为0或1？

【例6-12】 输入一个字符串，统计其中出现的英文元音字母的个数。

分析：定义字符数组后，通过合适的方法输入字符串，结合循环，逐个判定每个字符是否是元音字母，当判定的那个字符为“\0”时结束循环的执行。

参考程序如下：

```
#include <stdio.h>
void main()
{
    char str[100];
    int i,m=0;
    gets(str);
    for(i=0;str[i]!='\0';i++)
        if(str[i]=='A'||str[i]=='E'||str[i]=='I'||str[i]=='O'||str[i]=='U'||\
            str[i]=='a'||str[i]=='e'||str[i]=='i'||str[i]=='o'||str[i]=='u')
            m++;
    printf("元音字母的个数为:%d\n",m);
}
```

思考

1）参考程序中for循环也可以改写为for（i=0；str［i］；i++），改写程序验证一下，并请分析其原因。

2）注意if语句行末尾续行符号的使用。

【例6-13】 编写一个程序来实现strcpy函数的功能

分析：strcpy函数功能是实现将一个字符串复制到另外一个字符串。所有类型的数组的复制都只能使用循环结构将对应位置上的字符一个一个完成复制，字符数组的复制也是一样，当检索到“\0”后完成复制操作。

参考程序如下：

```
#include <stdio.h>
void main()
{
    char s1[100],s2[100];
    int i=0,j=0;
    gets(s1);
    while(s1[i])
        s2[j++]=s1[i++];
    s2[j]='\0';
    printf("s1:%s\n",s1);
    printf("s2:%s\n",s2);
}
```

思考

1）分析 s2［j］='\0'；语句是否能省略，为什么？

2）试用 for 循环改写该程序，并对两个程序进行对比分析。

【例 6-14】 找出 3 个字符串中最大的那个字符串。

分析：定义一个二维字符数组 str 存放这 3 个字符串，根据前面介绍可以把 str［0］、str［1］、str［2］看作 3 个一维数组，用合适的方法对 3 个一维字符数组赋值，然后对这 3 个一维数组比较大小。

参考程序如下：

```
#include <stdio.h>
#include <string.h>
void main()
{
    char string[40];
    char str[3][40];
    int i;
    for(i=0;i<3;i++)
    {
        printf("Input %d string:\n",i+1);
            gets(str[i]);
    }
    if(strcmp(str[0],str[1])>0)
        strcpy(string,str[0]);
    else strcpy(string,str[1]);
    if(strcmp(str[2],string)>0)
        strcpy(string,str[2]);
    printf("\nThe largest string is:\n%s\n",string);
}
```

提示

1）str 数组的第二维长度要比所有字符串中最长的那个字符串的长度要大。

2）gets（str［i］）不能误写为 gets（str）。

3）要灵活地调用字符串处理函数 strcmp、strcpy 以完成比较字符串的大小、字符串间的赋值，这里不能采用关系运算符和赋值运算符进行相关操作。

6.5　小结

1. 一维数组的定义和使用

（1）一维数组的定义

数据类型　数组名［数组长度］；

数组长度表示可以存放的元素的最大个数，其只能为整型的常量值，不能为变量。

(2) 一维数组元素的引用

数组名［下标］;

采用下标法对数组元素进行引用，下标的范围为 0 ~ 数组长度 - 1，否则将发生下标越界。

(3) 一维数组的初始化

采用合适的方法对数组中的全部或部分元素赋值。

(4) 一维数组的应用

用数组处理常见问题，需要掌握的算法包括求最值、累加和、排序、查找、插入等。

2. 二维数组的定义和使用

(1) 二维数组的定义

数据类型　数组名［行长度］［列长度］;

其中行长度、列长度分别表示数组的行数和列数，其只能为整型的常量值，不能为变量。

(2) 二维数组的元素引用

数组名［下标 1］［下标 2］;

下标 1、下标 2 分别表示所引用元素所在的行号和列号，在引用过程中谨防下标越界。

(3) 二维数组的初始化

采用合适的方法对数组中的全部或部分元素赋值。

(4) 二维数组的应用

掌握矩阵的常见处理。

3. 字符数组

(1) 字符数组的定义

char　数组名［数组长度］;

(2) 字符数组的输入/输出

三种常用的输入、输出方法。

(3) 常用的字符串处理函数

1) 字符串连接函数 strcat。

2) 字符串拷贝函数 strcpy。

3) 求字符串的长度函数 strlen。

4) 字符串比较函数 strcmp。

【案例分析与实现】

完成 10 个学生信息（学号，性别，英语、高等数学、计算机考试成绩）的输入，求出每个同学的考试平均分，并将所有同学信息按照格式输出（平均分小数点后保留两位有效数字输出）。

分析：10 个同学的 3 门成绩共 30 个数据可以定义一个 4 行 3 列的二维整型数组 score 来存放，10 个同学的学号、性别、平均分分别定义一个含 10 个元素的长整型数组 id、字符数组 sex、实型数组 average 来存放。通过循环输入学生信息后，求出每个同学 3 门成绩的累加和，根据累加和计算得到平均分赋值给 average 数组中的各元素，再将结果按照格式输出。

参考程序如下：

```
#include <stdio.h>
#define N10
void main()
{
    long id[N];
    char sex[N];
    int score[N][3],i,j,sum;
    float average[N];
    printf("请分别输入同学的学号,性别[M,F],英语、高等数学、计算机分数\n");
    for(i=0;i<N;i++)
    {
        printf("请输入第%d个同学的信息\n",i+1);
        scanf("%ld",&id[i]);
        getchar();
        scanf("%c",&sex[i]);
        sum=0;
        for(j=0;j<3;j++)
        {
            scanf("%d",&score[i][j]);
            sum+=score[i][j];
        }
        average[i]=sum/3.0;
    }
    printf("\t姓名    性别     英语   高等数学   计算机    平均分\n");
    for(i=0;i<N;i++)
    {
        printf("\t%ld\t",id[i]);
        putchar(sex[i]);
        for(j=0;j<3;j++)
            printf("\t%d",score[i][j]);
        printf("\t%.2f\n",average[i]);
    }
}
```

思考

1）注意分清哪些操作该放在内层循环，哪些操作该放在外层循环的循环体。

2）sum=0;这条语句是否可以不放在循环体里面？

3）sum/3.0是否可以改写为sum/3？

习　题

一、单项选择题

1. 若有说明：int a［10］;，则对a数组元素的正确引用是（　　）。

A）a［10］　　B）a［3.5］　　C）a（5）　　D）a［10－10］

2. 合法的数组说明语句是（　　）。

A）int a［ ］="string";　　B）int a［5］={0，1，2，3，4，5};

C）char a ="string";　　D）char a［ ］={0，1，2，3，4，5};

3. 调用strlen("abcd\0ef\0g")的返回值为（　　）。

A）4　　B）5　　C）8　　D）9

4. 若有以下语句，则正确的描述是（　　）。

char x[ ]="12345"; char y［ ］={'1','2','3','4','5',};

A）x数组和y数组的长度相同　　B）x数组长度大于y数组长度

C）x数组长度小于y数组长度　　D）x数组等价于y数组

二、程序设计题

1. 编写一个程序，输入10个学生的数学分数，求出其中最高分、最低分以及超过平均分的人数。

2. 编写一个程序，把一个数插入到一个有序的有10个元素的数组中，并使插入后的数组仍为有序数组。

3. 编写一个程序，计算出给定矩阵中主对角线元素的和。

4. 编写一个程序，输入一行字符串，将该字符串中所有大写字母改为小写字母后存放在一新的数组中，最后输出原字符串和转换后的字符串。

5. 编写一个程序，统计由键盘输入的一串字符中英文字母、数字、空格及其他字符出现的个数。

6. 编写一个程序，寻找某一字符串中某个子串出现的次数。例如，在字符串“Today is a good day!”中，子串“day”共出现2次。

第7章 函 数

学习要点

1. 函数的定义
2. 函数的调用、说明
3. 局部变量和全局变量

导入案例

案例：利用函数构建起系统功能模块的思想

定义学生信息管理系统中各个子模块的功能，并且当用户输入需要进行的操作序号（1～5）后，程序执行相对应的功能，如录入学生信息、通过学号查找学生信息、统计三门课程平均分、统计总分最高分、退出操作。

分析：在学生信息管理系统的案例中，如果仅采用前面章节所讲的顺序、分支、循环结构的知识来逐个顺序完成学生信息的录入、查找、统计等系统功能，很显然是不合理的。因为用户下一步进行什么操作是无法预知的，如做完录入信息后有可能直接退出，有可能返回查看，也有可能统计，等等。在用户每进行一次操作后就需要重新对下次操作做出进一步指示，这样程序写起来不仅冗余而且烦琐，逻辑结构也非常混乱，那么程序该如何实现对系统功能模块的结构设计呢？

运行学生信息管理系统后，首先看到的应该是系统的菜单页面，在执行完如录入学生信息的操作后，用户可能需要返回到菜单输入下一步操作的序号，如查找、统计等。此时，有关菜单这部分代码的重复率很高，那么该如何实现使得程序的可读性较强呢？前面的章节中讲过，当需要表达程序某一些特定功能时，可以采用将此程序段以花括号括起的形式，比如进行交换的代码：{t=a; a=b; b=t;}，但是如果程序中需多次使用到交换，那么此部分代码重复出现，会使得程序变得烦琐冗余。在本系统中也是如此，用户后续每一步操作都存在着各种可能性，如果在程序中把所有的可能性逐一排列出来，程序的可读性会大大降低，解决这一问题的最好方法就是函数，定义5个函数完成学生信息的录入、查找、统计和退出等功能，然后在主函数中通过用户不同操作指示来调用这些函数。

本章主要介绍函数的定义和函数的调用。希望大家能通过学习建立起函数构建系统功能模块的思想。

7.1 函数概述

C语言源程序是由函数组成的，虽然在前面各章节的程序中大多只出现了一个主函数

main( )，但实际上程序往往可以由多个函数构成。函数是C语言源程序的基本模块，通过对函数模块的调用实现特定的功能。

简单来讲函数有3个作用：任务划分、代码重用、信息隐藏。函数把较大的任务分解成若干个小的任务，提炼出公用任务，使得程序模块化，程序的开发更容易管理，避免了重复代码，提高了软件的复用性，而且在某种程度上达到了信息隐藏的目的。

C语言不仅提供了极为丰富的库函数，如大家熟悉的printf( )函数和scanf( )函数，还允许用户建立自己定义的函数，所以说C语言是非常灵活的语言。用户可把自己的算法编成一个个相对独立的函数模块，然后用调用的方法来使用函数。可以说C语言程序的全部工作都是由各式各样的函数完成的，所以也把C语言称为函数式语言。由于采用了函数模块式的结构，C语言易于实现结构化程序设计，使程序的层次结构清晰，便于程序的编写、阅读、调试。

库函数是由C语言提供的，不需要另外编写。但使用库函数时，在调用之前必须使用"include"包含对应的"头文件"，常见的头文件如下所示。

输入/输出函数：#include <stdio. h>。

数学函数：#include <math. h>。

字符函数：#include <ctype. h>。

字符串函数：#include <string. h>。

杂项函数及内存分配函数：#include <stdlib. h>。

这些函数的功能已经被开发人员编写好了，编程时可以直接调用，这一章将学习自己编写具有特定功能的自定义函数。

7.2 函数的定义

7.2.1 函数定义的一般形式

通过前面章节的学习观察到函数后面总带一对小括号，这是函数的特征，不能省略。函数包括函数的首部和函数体两个部分，函数返回值类型、函数名、参数以及参数的类型构成了函数的首部，而函数体主要是由实现函数功能的语句构成。通过下面的例子来理解它。

```
int max(int a,int b)                              //函数的首部
{                                                 //花括号括起的部分为函数体
     if(a>b) return a;
     else return b;
}
```

需要注意的是，自定义函数在完成函数体设计也就是功能实现时，一定要使得功能最单一。请大家看下面一个例子，思考什么是函数的单一功能。

```
int max(int a,int b)
{
     if(a>b) printf("%d",a);
     else printf("%d",b);
}
```

注意到，第二个例题中 max( )函数的功能不只是求出最大值，而是将最大值求出后进行输出，这样就没有达到函数功能最单一的目的。因为 max( )函数的功能就是求出最大值，至于如何处理最大值应该交由调用函数去完成。这一点请大家在后面的程序中慢慢理解。

7.2.2 函数的参数

从参数的角度，将函数分为有参函数和无参函数两种类型。在实际编程时要根据程序的需求做出不同的设计，是否带参数并不是评判一个函数优劣的依据。在定义某个函数时，参数的意义是主调函数通过参数将需要处理的数据传递给被调函数进行处理。

无参函数一般不需要返回值，所以很多情况下把不需要返回值的函数定义为 void 类型。前面大家经常看到的主函数 main( )返回值类型就是空类型 void，因为程序往往是在 main( )函数中开始，回到 main( )函数中结束，所以一般主函数不需要返回值。当然也可以将主函数定义为 int 类型，那么需要在函数体的末尾加上 return 0 语句。

无参函数的定义形式：

函数返回值的类型 函数名( )

{

//**函数体**

}

请看下面两个例子。

【例 7-1】 在屏幕上输出如图 7-1 所示图形。

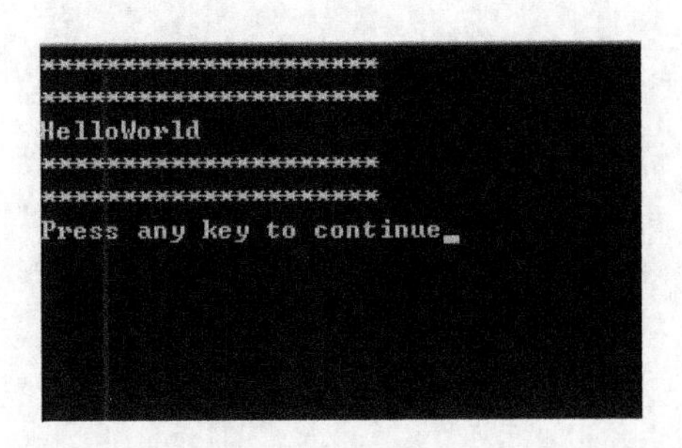

图 7-1 例 7-1 示意图

分析：对于这道题仅仅采用前面学习的知识可以编写成如下程序。

```
#include <stdio.h>
void main()
{
    printf("********************\n");
    printf("********************\n");
    printf("HelloWorld\n");
    printf("********************\n");
    printf("********************\n");
}
```

若采用函数的思想来编写，则程序的可读性和扩展性更强。这次采用 int 定义主函数的返回值类型，实际编程时大家可任意采取其中一种方式。根据对题目的分析，编写一个 star( )函数和一个 str( )函数分别完成星号和字符串的输出功能，然后在主函数中调用这些函数来完成题目需求。函数的调用在后面的小节中会逐步介绍，此处大家只需要体会例 7-2 函数模块式编程与例 7-1 顺序结构式编程的不同即可。

【例 7-2】 输出星号和字符的组合图形，如图 7-1 所示。

```
#include <stdio.h>
void star( )
{
   printf("********************** \n");
}
void str( )
{
   printf("HelloWorld \n");
}
int main( )
{
   star( );
   star( );
   str( );
   star( );
   star( );
   return 0;
}
```

有参函数的定义形式：

```
函数返回值的类型  函数名 (类型 形参1，类型 形参2，…)
{
   //函数体
}
```

有参函数比无参函数多了一个形式参数列表，它们可以是各种类型的变量，多个参数之间用逗号间隔。在进行函数调用时，主调函数将对形参进行赋值以便实现函数的功能。形参既然是变量，在形参列表中必须给出类型的定义。

需注意的是，用户自定义的函数本身不能直接被编译执行。下面将本章的第一个小例题直接运行，结果编译出错！如图 7-2 所示。

编译没有报语法错误，但是在连接时报错，分析出错提示：没有定义主函数。前面讲过，一个 C 语言源程序必须有且仅有一个主函数 main( )，既然如此那么程序改成例 7-3 能不能运行呢？

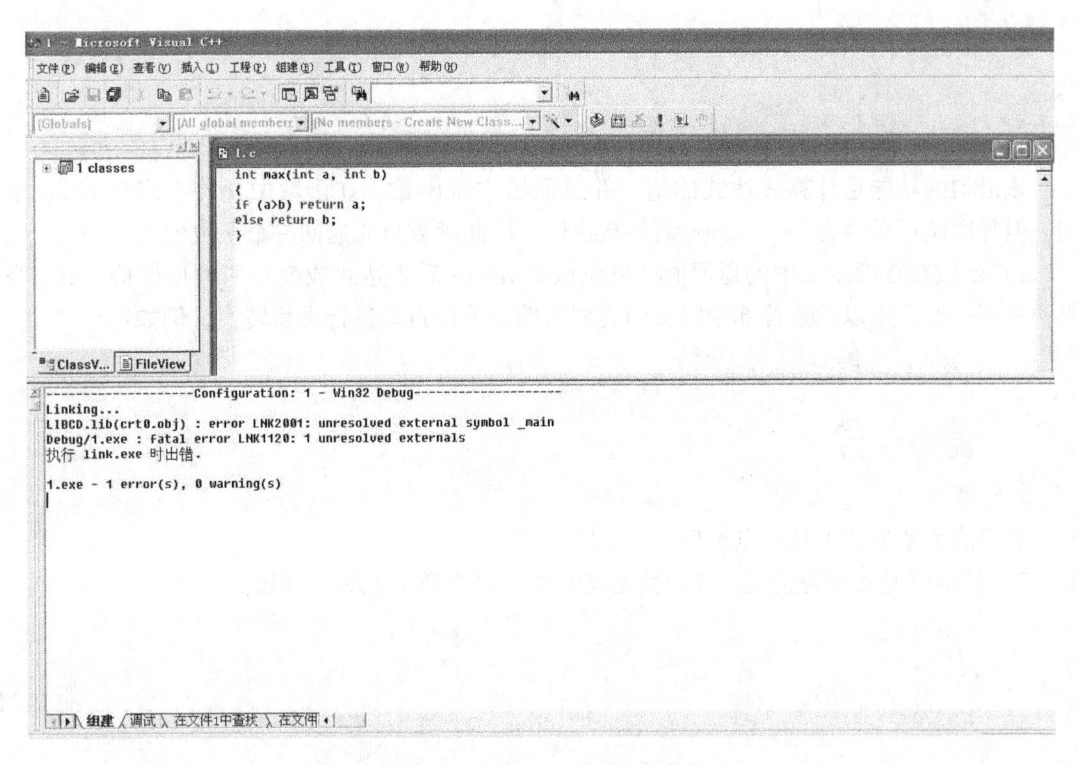

图7-2　例7-2运行结果出错

【例7-3】　比较两个数的大小。

```
#include <stdio.h>
int max(int a,int b)
{
    if(a>b) return a;
    else return b;
}
void main()
{

}
```

请大家自行上机运行例7-3，可以发现此题编译和连接都不报错，但是没有任何结果。下面在讲解函数返回值以后，将正式开始学习如何正确地调用自定义函数。

7.2.3　函数的返回值

函数的返回值要根据函数完成的功能来设定，是否需要返回值并没有统一的要求。函数的返回值是指函数被调用以后，被调函数将所取得的并返回给主调函数的值。

下面对函数的返回值做出一些说明。

1）函数的返回值只能通过return语句获取，并返回给主调函数。其一般形式如下：

```
return 表达式;
```

或

```
return (表达式);
```

该语句的功能是计算表达式的值，并返回给主调函数。在函数中允许有多个 return 语句，但每次调用只会有一个 return 语句被执行，因此函数只能返回一个函数值。

2）函数在首部定义中的返回值类型应该和 return 后表达式或变量的类型保持一致。如果两者不一致，则以函数首部中定义的类型为准，系统自动进行类型转换。例如：

```
    int fun(float a)
{
    return a;
}
```

返回值为整型而不是浮点类型。

3）若函数返回值为整型，在函数定义时可以略去类型说明。例如：

```
    fun(float a)
{
    return a;
}
```

返回值仍然是整型。

4）不需要有返回值的函数，可以明确定义为“空类型”，类型说明符为“void”。一旦函数被定义为 void 类型后，就不能在主调函数中使用被调函数的函数值。例如，在定义 s 为空类型后，在主函数中写下述语句：

```
sum=s(n); //错误
```

为了使程序有良好的可读性并减少出错，凡不要求返回值的函数都应定义为空类型。应注意，无论函数的返回类型是否为空，函数在调用执行完子函数体后都会返回到主调函数中。

7.3 函数的调用

在 C 语言中，所有函数包括主函数 main( )在内，都是平行的，在函数体内，不能再定义另一个函数，即不能嵌套定义。但是函数之间允许相互调用。习惯上把调用者称为主调函数。函数也可以调用自身，称为递归调用。

7.3.1 函数调用的一般形式

在 C 语言程序中是通过对函数的调用来执行各函数的函数体的。函数调用的一般形式如下。

无参函数的调用：函数名( );

有参函数的调用：函数名(实参列表);

1）调用函数时，函数名必须与所调用的函数名字完全一致。

2）实参的个数、类型必须与形参的个数、类型一一对应。如果类型不匹配，程序将自动转换。

3）函数必须先定义，后调用（函数的返回值类型为 int 或 char 时除外）。

4）函数可以直接或间接地调用自己本身，称为递归调用。

函数在调用时会产生中断，主调函数在调用处暂停，跳转到被调函数处执行函数体，然后回到主调函数暂停处继续执行后续语句，如果有嵌套或递归调用则反复使用这一规则，直到最终返回主函数结束整个程序。调用过程如图 7-3 所示，大家可以在后面的例题中慢慢体会。

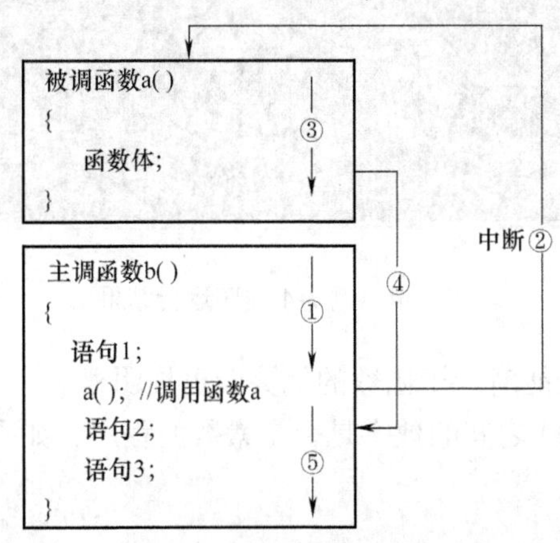

图 7-3　函数调用示意图

【例 7-4】 从键盘上输入五组数，两两比较大小后将较大值返回给主函数输出。

```
#include <stdio.h>
int max(int a,int b)
{
    if(a>b) return a;
    else return b;
}
void main( )
{
    int x,y,i=1;
    while(i<5)
    {
        printf("请输入两个数求较大值,数字之间用空格隔开,结束输入请按下
        回车键\n");
        scanf("%d%d",&x,&y);
        printf("%d 和%d 之间较大值是%d\n",x,y,max(x,y));
        i++;
    }
}
```

程序运行结果如图 7-4 所示。

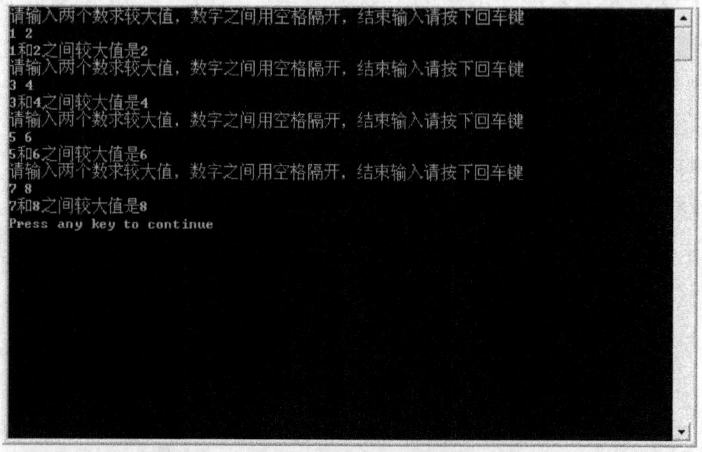

```
请输入两个数求较大值，数字之间用空格隔开，结束输入请按下回车键
1 2
1和2之间较大值是2
请输入两个数求较大值，数字之间用空格隔开，结束输入请按下回车键
3 4
3和4之间较大值是4
请输入两个数求较大值，数字之间用空格隔开，结束输入请按下回车键
5 6
5和6之间较大值是6
请输入两个数求较大值，数字之间用空格隔开，结束输入请按下回车键
7 8
7和8之间较大值是8
Press any key to continue
```

图 7-4　例 7-4 程序运行结果

当需要多次使用某个功能时，子函数的优势会更加明显。

【例 7-5】　判断 3 ~ 1000 之间的数字是否是素数的程序，如果是素数将其输出。

```
#include <stdio.h>
int isprime(int value)
{
      int k;
      for(k=2;k<value;k++)
      {
            if(value%k==0) break;
      }
      if(value==k)return 1;
      else return 0;
}
void main()
{
      int i;
      for(i=3;i<1000;i++)
      {
            if(isprime(i)==1)
                  printf("%d\t",i);
      }
}
```

程序运行结果如图 7-5 所示。

```
3     5     7     11    13    17    19    23    29    31
37    41    43    47    53    59    61    67    71    73
79    83    89    97    101   103   107   109   113   127
131   137   139   149   151   157   163   167   173   179
181   191   193   197   199   211   223   227   229   233
239   241   251   257   263   269   271   277   281   283
293   307   311   313   317   331   337   347   349   353
359   367   373   379   383   389   397   401   409   419
421   431   433   439   443   449   457   461   463   467
479   487   491   499   503   509   521   523   541   547
557   563   569   571   577   587   593   599   601   607
613   617   619   631   641   643   647   653   659   661
673   677   683   691   701   709   719   727   733   739
743   751   757   761   769   773   787   797   809   811
821   823   827   829   839   853   857   859   863   877
881   883   887   907   911   919   929   937   941   947
953   967   971   977   983   991   997
Press any key to continue
```

图7-5　例7-5程序运行结果

可以看到，函数实际上就是将某些特定功能的代码段分离出去，然后在主函数中去调用这些函数，达到运行结果。

思考

若要让程序的结果按照5个数为一行的形式输出，应该如何改写？

下面再看一个有关函数参数单向传递的例子。

【例7-6】　设计一个函数，其功能是交换两个数的值，注意观察输出函数。

```
#include <stdio.h>
void exchange(int x,int y)
{
      int z;
      printf("②我是被调函数中交换之前的参数%d,%d\n",x,y);
      {z=x;x=y;y=z;}  //交换代码
      printf("③我是被调函数中交换之后的参数%d,%d\n",x,y);
}
void main()
{
      int a=10,b=20;
      printf("①我是主调函数中调用之前的参数%d,%d\n",a,b);
      exchange(a,b);
      printf("④我是主调函数中调用之后的参数%d,%d\n",a,b);
}
```

程序运行结果如图7-6所示。

分析：这道程序题主要是考查大家对函数参数的单向传递是否理解，参数在传递时具有实参向形参单向传递的特点，所以③中的数据被交换了，结果为 x = 20，y = 10，但是调用结束回到主函数中后输出④的值并没有变，即 a = 10，b = 20。已经交换的形参并没有影响到实参的值。

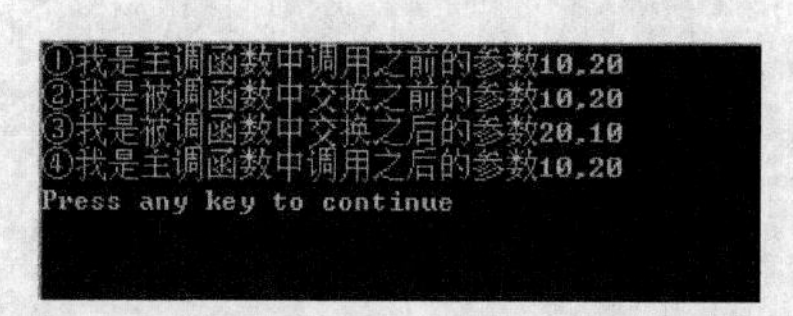

图 7-6　例 7-6 程序运行结果

7.3.2　函数的嵌套调用

C 语言中函数不能嵌套定义，但可以嵌套调用。在某些情况下，在某个子函数的定义模块中需要去调用另外一个函数，这就是函数的嵌套调用。需要注意的是，嵌套函数调用结束后逐层返回。函数嵌套调用示意图如图 7-7 所示。

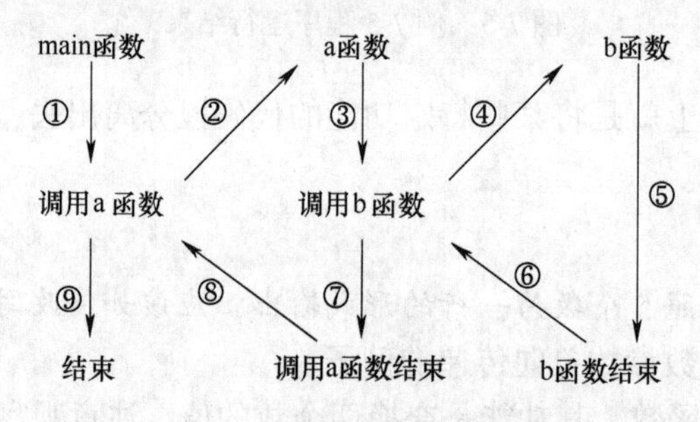

图 7-7　函数嵌套调用示意图

【例 7-7】　求 $1^2 + 2^2 + 3^2 + \cdots + 10^2 + \cdots$？要求从键盘输入终止值，调用函数计算结果返回，如输入 5，则计算 1 ~ 5 的平方和。

```
#include <stdio.h>
int product(int i)//乘积函数
{
     return (i* i);
}
int sum(int end) //累和函数
{
     int i,s =0;
     for(i =1;i < =end;i ++)
     {
        s + =product(i);
     }
     return s;
}
void main()
```

```
{
        int end,s;
        printf("请输入需要计算的终止值:\n");
        scanf("%d",&end);
        s=sum(end);
        printf("1~%d的平方和是%d\n",end,s);
}
```

程序运行结果如图7-8所示。

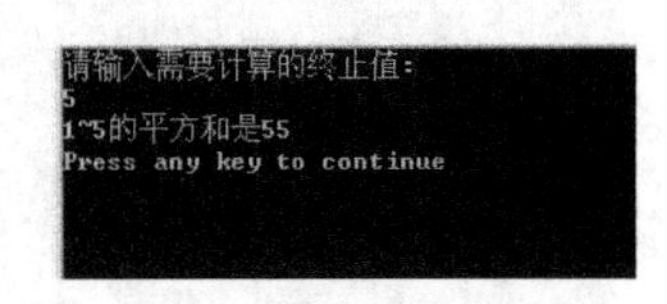

图7-8　例7-7程序运行结果

分析：此题中主调函数和被调函数的参数特意采用同名，请大家从内存的角度来理解函数调用，这样有助于后面对指针的理解。通过前面的学习，已知在内存中系统并不是以变量的名称确定存储数据的位置，而是以地址进行寻址后存储，所以在scanf()函数中，必须要加“&”取地址符。

本题中主函数定义了一个end变量和变量s，在内存中开辟两个单元用于存储end和s的值，程序执行到s=sum（end）语句时产生临时中断，去调用sum( )函数，因为在sum()函数中定义了一个end形参和变量s，内存中随即又开辟另外两个单元用于存储形参end和变量s的值，通过循环调用product函数，最终执行return s语句返回主函数，在s=sum（end）语句中，用sum( )函数中的返回值s替换sum（end）表达式，将结果赋值给main函数中的s变量，此时sum( )函数结束，在最初调用时候开辟的内存单元将全部释放，此时主函数继续执行，将s变量的值输出。请大家看图7-9思考，product函数调用时同名参数i的内存单元如何变化。

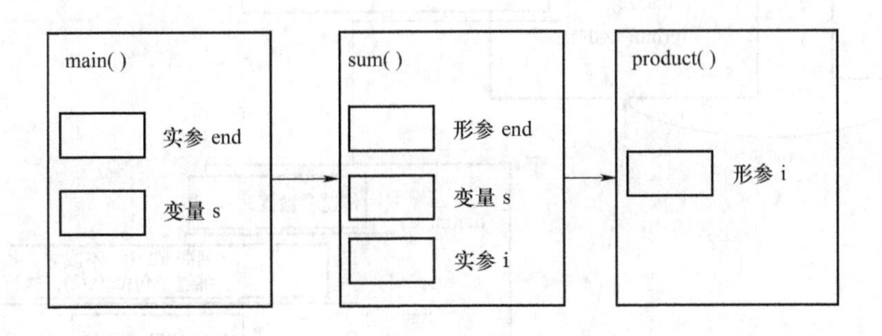

图7-9　同名参数在内存中的运行示意图

说明：函数在调用时，系统为变量开辟内存空间，调用结束，内存随即被清空，所以相同的名称并不会引起内存冲突，因为内存是以地址为依托进行寻址的。

7.3.3　函数的递归

C语言中的函数可以递归调用，即直接或间接地调用自己。一个问题要采用递归方法来解决时，必须符合以下3个条件。

1）可以把要解决的问题转化为一个新的问题，而这个新问题的解决方法仍然与原来的解法相同，只是所处理的对象有规律地递增或者递减。

2）可以应用这个转化过程使问题得到解决。

3）必定要有一个明确的结束递归条件。

【例 7-8】 简单的函数递归调用举例。

```
#include<stdio.h>
fun( int x)
{
    if(x/2 >1)
         fun(x/2);//调用自身
    printf("%d",x);
}
main( )
{
    fun(7);
    printf("\n");
}
```

程序运行结果为：37。

图 7-10 列出了递归调用时，程序的执行流程以及内存的情况。

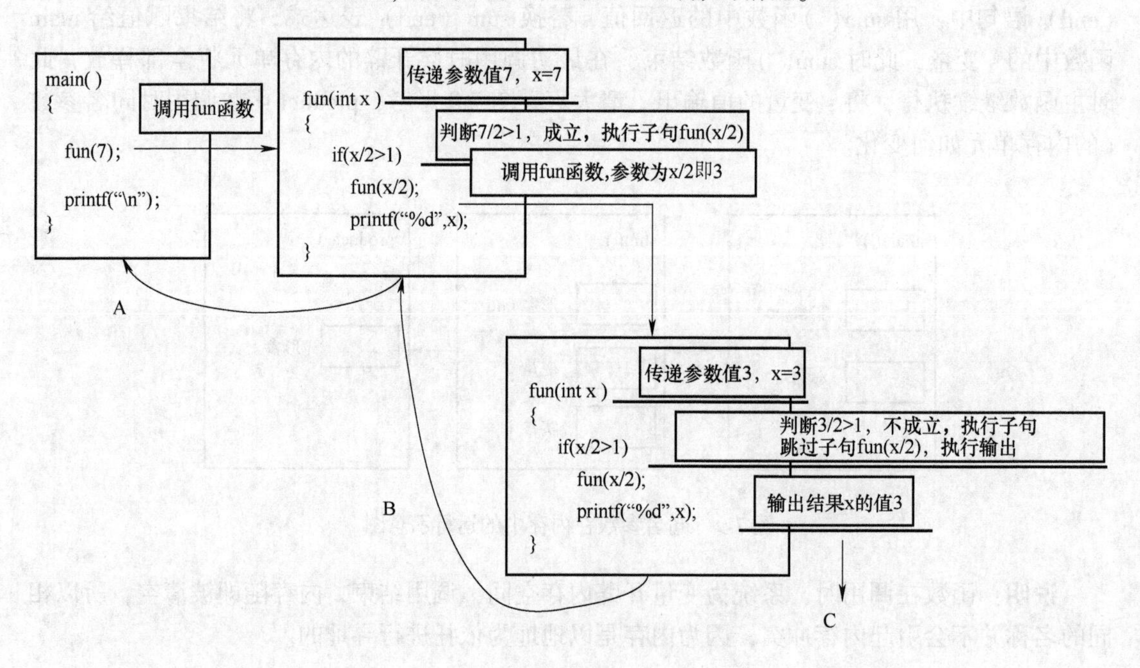

图 7-10 递归函数运行示意图

说明：

A. 此时返回到刚才调用 fun 函数处继续执行后续语句，printf 输出换行。

B. 此时返回到刚才调用 fun 函数处继续执行后续语句，printf 输出 x 的值为 7，函数执行完毕，返回上一级调用处，本次调用内存清空。

C. 至此 fun 函数执行完毕，需要返回上一级调用处，本次调用中所有开辟的内存全部清空。

【例 7-9】 递归举例：求 n！n 由键盘输入。

```
#include <stdio.h>
int f(int n)
{
    if(n==1||n==0)
        return 1;
    else
        return n* f(n-1);
}
void main()
{
    int n,s;
    printf("请输入整数 n,计算 n 的阶乘:\n");
    scanf("%d",&n);
    s=f(n);
    printf("%d 的阶乘结果为%d \n",n,s);
}
```

分析：函数 f 中看似有两个 return，但因为 if-else 语句的特点，每次执行函数 f 时只会返回一个唯一的值。计算 n 的阶乘的特点是，n！ =n＊(n-1)！，而以此类推(n-1)！ =(n-1)＊(n-2)！，并且 1！ =1、0！ =1。当输入的 n 值为 1 或 0 时，因为 1 或 0 的阶乘结果为 1，所以直接返回 1。假设输入的 n 值为 3，那么程序走向 else 分支，需要调用 f(n-1)来计算，也就是函数 f 调用自身，称为递归调用，此时的 f(n-1)即 f(2)，判断后程序仍然走向 else 分支，需要调用 f(n-1)，此时即 f(1)，返回 1，逐步计算 n＊f(n-1)结果 f(2)为 2＊1=2，返回 2，计算 n＊f(n-1)结果 f(3)为 3＊f(2) =6。

7.4 函数的声明

在 C 语言中，除了主函数以外，用户定义的函数都要遵循“先定义，后使用”的规则，凡是未在调用前定义的函数，C 编译程序都默认其返回值类型为 int。对于返回值为其他类型的函数，若把函数的定义放在调用之后，应该在调用之前对函数进行声明，声明的方法很简单，只需要将函数的头部复制到被调用语句之前，然后在末尾加上分号即可，一般是将函数的声明放在预处理命令后面。注意声明是语句，末尾要加分号“；”。

【例 7-10】 改写本章第一个小例子。

```
#include <stdio.h>
int max(int a,int b)//被调函数
```

```
{
    if(a>b) return a;
    else return b;
}
void main( )//主函数,被调函数在主调函数的前面,所以无须声明
{
    int x,y;
    printf("请输入两个数求较大值,数字之间用空格隔开,结束输入请按下回车键\n");
    scanf("%d%d",&x,&y);
    printf("%d 和%d 之间较大值是%d\n",x,y,max(x,y));
}
```

【例 7-11】 例 7-10 的另一种编写方式。

```
#include<stdio.h>
int max(int a,int b);//声明语句
void main( )//主函数,被调函数在主调函数的后面,所以必须声明
{
    int x,y;
    printf("请输入两个数求较大值,数字之间用空格隔开,结束输入请按下回车键\n");
    scanf("%d%d",&x,&y);
    printf("%d 和%d 之间较大值是%d\n",x,y,max(x,y));
}
int max(int a,int b)//被调函数定义
{

    if(a>b) return  a;
    else return  b;
}
```

7.5 数组作为函数参数

在函数调用时，数组可以作为函数的参数使用，来进行数据传送。数组用作函数参数有两种形式，一种是把数组元素（下标变量）作为实参使用，另一种是把数组名作为函数的形参和实参使用。

7.5.1 数组元素作为函数的实参

数组元素即下标变量，与普通变量并无区别，因此它作为函数实参使用与普通变量是完全相同的。在发生函数调用时，把作为实参的数组元素的值传送给形参，实现单向的值传送，例 7-12 说明了这种情况。

【例 7-12】 输入一组学生的分数，依次判断分数的等级。

```
#include <stdio.h>
void IsPass(int score)
{
   if(score>=90) printf("恭喜,您的成绩等级为优秀\n");
   else  if(score>=80) printf("恭喜,您的成绩等级为良好\n");
        else  if(score>=70) printf("恭喜,您的成绩等级为中等\n");
        else  if(score>=60) printf("恭喜,通过考试\n");
        else printf("很遗憾,你挂科了\n");
}
void main()
{
   int a[5],i;
   printf("请输入分数判断等级:\n");
   for(i=0;i<5;i++)
   {
        scanf("%d",&a[i]);
        IsPass(a[i]);
   }
}
```

7.5.2 数组名作为函数的实参

用数组名作为函数参数与用数组元素作为实参有两点不同。

1）用数组元素作为实参时，仅要求作为下标变量的数组元素的类型和函数形参变量的类型一致，即并不要求函数的形参也是下标变量。换句话说，对数组元素的处理是按普通变量对待的。用数组名作为函数参数时，则要求形参和相对应的实参都必须是类型相同的数组，都必须有明确的数组说明，当形参和实参二者不一致时会发生错误。

2）在普通变量或下标变量作为函数参数时，形参变量和实参变量是由编译系统分配的两个不同的内存单元，在函数调用时发生的值传递是把实参变量的值赋予形参变量。在用数组名作为函数参数时，不是进行值的传递，而是把实参数组的地址传递给形参数组，因为实际上形参数组并不存在，编译系统不再另外为形参数组分配内存，传递地址后，形参数组和实参数组在内存中指向同一段内存空间。

假设数组 a 和数组 b 都有 10 个元素，保存 10 个学生的分数，a 数组的起始地址为 1010H。设 a 为实参数组，类型为整型，a 占有以 1010H 为首地址的一块内存区。b 为形参数组名。当发生函数调用时，进行地址传送，把实参数组 a 的首地址传送给形参数组名 b，于是 b 也取得该地址 1010H，a、b 两数组共同占有以 1010H 为首地址的一段连续内存单元，如图 7-11 所示。可以看出，a 和 b 下标相同的元素实际上也占相同的两个内存单元（整型数组每个元素占 4 个字节）。例如，a[0]和 b[0]都占用 1010H ~ 1013H 四个单元。

a[0]	a[1]	a[2]	a[3]	a[4]	a[5]	a[6]	a[7]	a[8]	a[9]
60	65	70	75	80	85	90	95	96	100
b[0]	b[1]	b[2]	b[3]	b[4]	b[5]	b[6]	b[7]	b[8]	b[9]

图 7-11　数组内存示意图

【例 7-13】 依次输入 10 位学生的分数，计算平均成绩。

```
#include <stdio.h>
float average(int b[10])
{
    int i;
    float aver,sum=0;
    for(i=0;i<10;i++)
        sum=sum+b[i];
    aver=sum/10;
    return aver;
}
void main()
{
    int a[10],i;
    float aver;
    printf("\n 请输入 10 位学生的分数,计算平均分 \n");
    for(i=0;i<10;i++)
        scanf("%d",&a[i]);
    aver=average(a);
    printf("平均分是%.2f \n",aver);

}
```

分析：通过第 6 章数组的学习，已知数组名代表数组在内存中的首地址，如数组名 a 代表 &a[0]，即数组中第一个元素的地址。在函数 average( ) 中，把数组中各元素值相加求出平均值，返回给主函数。主函数 main( ) 中首先完成数组 a 的输入，然后以数组名 a 作为实参调用 average( ) 函数，将地址传递给形参数组 b，实际上就是让 b 和 a 指向同一段内存分配单元，计算得到平均成绩后，返回 aver 的值并赋值输出。

7.6　变量的作用域

在 C 语言中，程序的编译单位是程序文件，一个源文件可以包含一个或多个函数。按照作用域的范围变量可分为两种，即局部变量和全局变量。在函数内定义的变量是局部变量，在函数之外定义的变量称为外部变量，也称为全局变量。全局变量可以为源文件中其他函数所共用，其作用域为从定义变量的位置开始到源文件结束。

1. 局部变量

局部变量也称为内部变量，局部变量在函数内进行定义说明。其作用域仅限于函数内，函数外再使用这个变量是非法的。

例如：

```
int fun(int a)//函数 fun
{
    int b,c;
}
```

fun( )内定义了3个变量：a为形参，b、c为普通变量。在fun( )的范围内a、b、c有效，或者说a、b、c变量的作用域限于fun( )函数内部。

关于局部变量的作用域给出以下几点说明：

1）主函数中定义的变量也只能在主函数中使用，不能在其他函数中使用。同时，主函数中不能使用其他函数中定义的变量。因为主函数也是一个函数，它与其他函数是平行关系。

2）形参变量是属于被调函数的局部变量，实参变量是属于主调函数的局部变量。

3）允许在不同的函数中使用相同的变量名，它们代表不同的对象，分配不同的内存单元，互不干扰，也不会发生混淆。

2. 全局变量

全局变量也称为外部变量，它定义在函数的外部，不属于具体哪一个函数，而是属于一个源程序文件，其作用域是整个源程序。在函数中使用全局变量，一般应作全局变量说明，只有在函数内经过说明的全局变量才能使用。全局变量的说明符为extern。但在一个函数之前定义的全局变量，在该函数内使用可不再加以说明。

例如：

```
int a,b;     //外部变量
void fun( ) //函数 fun
{
   //语句;
}
```

从上例可以看出，a、b是在函数外部定义的外部变量，即是全局变量。

关于全局变量的作用域给出以下几点说明：

1）对于局部变量的定义和说明，可以不加区分。而对于全局变量则不然，全局变量的定义和全局变量的说明并不同。全局变量定义必须在所有的函数之外，且只能定义一次。其一般形式为：

[extern] 类型说明符 变量名，变量名，…；

其中方括号内的extern可以省去不写。

例如：

```
int a,b;
```

等效于：

```
extern int a,b;
```

而全局变量的说明出现在要使用该全局变量的各个函数内，在整个程序内，可能出现多次。全局变量说明的一般形式为：

extern 类型说明符 变量名，变量名，…;

全局变量在定义时就已分配了内存单元，全局变量定义可作初始赋值；全局变量说明不能再赋初始值，只是表明在函数内要使用某全局变量。

2）全局变量可加强函数模块之间的数据联系，但是又使函数要依赖这些变量，因而使得函数的独立性降低。从模块化程序设计的观点来看这是不利的，因此在不必要时尽量少用全局变量。

3）在同一源文件中，允许全局变量和局部变量同名。在局部变量的作用域内，全局变量不起作用。

【例 7-14】 多源文档工程中变量的定义。

文档 a. c 代码如下：

```
static int i;         //只在 a 文档中用
int j;                //在工程中用
static void fun()  //只在 a 文档中用
{
                      //语句;
}
void callme()         //在工程中用
{
    static int sum;
}
```

文档 b. c 代码如下：

```
extern int j;                 //调用 a 文档里的
extern void callme();     //调用 a 文档里的
int main()
{
                              //语句;
}
```

分析：全局变量 i 和 fun( )函数只能用在 a. c 文档中，全局变量 sum 的作用域只在 callme( )里。变量 j 和函数 callme( )的全局限扩充到整个工程文档，所以能够在 b. c 文档中用 extern 关键字调用。extern 告诉编译器这个变量或函数在其他文档里已被定义了。

7.7 变量的生命周期

变量的存储类型决定了各种变量的作用域不同。所谓存储类型是指变量占用内存空间的方式，也称为存储方式。变量的存储方式可分为“静态存储”和“动态存储”两种。

静态存储变量通常是在变量定义时就分配存储单元并一直保持不变，直至整个程序结束。动态存储变量是在程序执行过程中，使用它时才分配存储单元，使用完毕立即释放。典型的例子是函数的形式参数，在函数定义时并不给形参分配存储单元，只是在函数被调用时，才予以分配，函数调用完毕立即释放。如果一个函数被多次调用，则反复地分配、释放形参变量的存储单元。

从以上分析可知，静态存储变量是一直存在的，而动态存储变量则时而存在时而消失。把这种由于变量存储方式不同而产生的特性称为变量的生命周期。生命周期表示了变量存在的时间。生命周期和作用域是从时间和空间这两个不同的角度来描述变量的特性，这两者既有联系，又有区别。一个变量究竟属于哪一种存储方式，并不能仅从其作用域来判断，还应有明确的存储类型说明。

在C语言中，对变量的存储类型说明有以下4种，见表7-1。

表7-1　存储类型说明

关键字	含　义	说　明
auto	自动变量	函数内未加存储类型说明的变量均视为自动变量
register	寄存器变量	存放在CPU的寄存器中，使用时不需要访问内存，而直接从寄存器中读/写，提高效率
extern	外部变量	外部变量和全局变量是对同一类变量的两种不同角度的说法
static	静态变量	静态局部变量始终存在着，生存期为整个源程序；若未赋以初值，则由系统自动赋以0值。 静态全局变量的作用域局限于一个源文件内

自动变量和寄存器变量属于动态存储方式，外部变量和静态变量属于静态存储方式。在介绍了变量的存储类型之后，可以知道对一个变量的说明不仅应说明其数据类型，还应说明其存储类型。因此，变量说明的完整形式应为：

存储类型说明符 数据类型说明符 变量名，变量名，…；

例如：

```
static int a,b;                  //说明a、b为静态类型变量
auto float m,n;                  //说明m、n为自动字符变量,其中auto可以省略
static int a[5]={1,2,3,4,5}; //说明a为静态整型数组
extern int x,y;                  //说明x、y为外部整型变量
```

7.8　内部函数和外部函数

C语言根据函数是否能被其他源文件调用，将函数分为内部函数与外部函数，下面进行简单介绍。

如果函数只能被本源文件的函数调用，则称此函数为内部函数。在定义内部函数时，给函数定义前面加上关键字“static”。有了内部函数的概念后，在不同的源文件中可以有相同的函数名而不会发生冲突。

例如：

```
static int max(int a, int b){}   //max 函数只能在该源文件中使用
```

如果函数不仅能被本源文件的函数调用,还能被其他源文件中的函数调用,则称此函数为外部函数。

在定义外部函数时,给函数定义前面加上关键字“extern”。

例如:

```
extern int max(int a, int b){} //max 函数可以在本工程文件中的所有源文件中使用
```

注意两点:

1)如果在源文件 A 中调用另一个源文件 B 中的函数,那么必须在源文件 A 中对要调用的函数进行说明,格式如下:

```
extern int max(int a, int b);
```

2)在 C 语言中由于函数本质上是外部的,C 语言允许声明函数的时候缺省 extern。

7.9 知识点强化与应用

【例 7-15】 设计一个显示九九乘法口诀表的程序。

```
#include <stdio.h>
void table()
{
    int i,j;
    int a[9][9];
    printf("\t\t\t 九九乘法口诀表\n");
    printf("----------------------------------------\n");
    for(i=0;i<9;i++)
    {
        for(j=0;j<=i;j++)
        {
            a[i][j]=(i+1)*(j+1);
            printf("%d*%d=%d\t",(j+1),(i+1),a[i]
            [j]);//利用二维数组输出公式
        }
        printf("\n");
    }
}
void main()
{
    table();//调用 table 函数,显示九九乘法表中的公式
```

```
    printf("\n");
}
```

程序运行结果如图 7-12 所示。

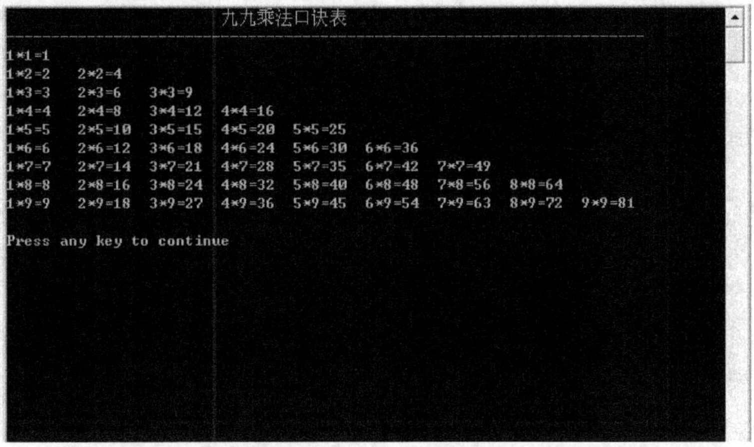

```
                    九九乘法口诀表
------------------------------------------------------------
1*1=1
1*2=2   2*2=4
1*3=3   2*3=6   3*3=9
1*4=4   2*4=8   3*4=12  4*4=16
1*5=5   2*5=10  3*5=15  4*5=20  5*5=25
1*6=6   2*6=12  3*6=18  4*6=24  5*6=30  6*6=36
1*7=7   2*7=14  3*7=21  4*7=28  5*7=35  6*7=42  7*7=49
1*8=8   2*8=16  3*8=24  4*8=32  5*8=40  6*8=48  7*8=56  8*8=64
1*9=9   2*9=18  3*9=27  4*9=36  5*9=45  6*9=54  7*9=63  8*9=72  9*9=81

Press any key to continue
```

图 7-12　例 7-15 程序运行结果

【例 7-16】　在例 7-15 的基础增加一个查找的游戏功能，从键盘输入一个整数后，将九九乘法口诀表中的分解公式输出，如果口诀表中没有则显示“九九表中找不到能将此数分解的公式”。

```
#include <stdio.h>
void table()
{
    int i,j;
    int a[9][9];
    printf("\t\t\t 九九乘法口诀表\n");
    printf("----------------------------------------\n");
    for(i=0;i<9;i++)
    {
        for(j=0;j<=i;j++)
        {
            a[i][j]=(i+1)*(j+1);
            printf("%d*%d=%d\t",(j+1),(i+1),a[i][j]);//
            利用二维数组输出公式
        }
        printf("\n");
    }
}
void resolve(int n)
{
```

```
    int i,flag=0;//设置标志变量,在循环结束后判断是否仍然为0
    for(i=2;i<=8;i++)
    {
        if(n%i==0)
        {
            if(n/i<=9)
            {
                flag=1;
                printf("%d=%d*%d\n",n,n/i,i);
            }
        }
    }
    if(0==flag)
    printf("九九表中找不到能将此数分解的公式\n");
}
void main()
{
    int num;
    table();                    //调用table函数,显示九九乘法表中的公式
    printf("\n");
    for(;;)                     //设置一个死循环,输入正确数据可跳出,否则继续
                                  要求用户输入
    {
        printf("\n请输入1~81以内的整数,系统将自动进行分解:\n");
        scanf("%d",&num);
        if(num<=81&&num>=1)
        {
            if(1==num)
            {
                printf("1*1=1\n");
                break; //使得程序可跳出死循环
            }
            else
            {
                resolve(num);
                break;//使得程序可跳出死循环
            }
        }
    }
```

```
    printf("游戏结束\n");
}
```

程序运行结果如图7-13所示。

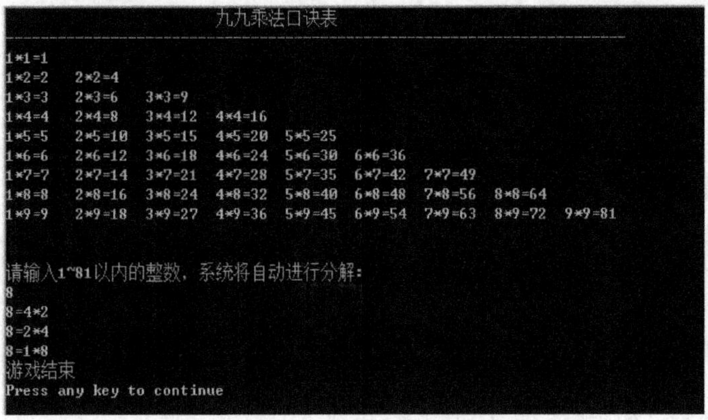

```
九九乘法口诀表
------------------------------------------------------------------
1*1=1
1*2=2   2*2=4
1*3=3   2*3=6   3*3=9
1*4=4   2*4=8   3*4=12  4*4=16
1*5=5   2*5=10  3*5=15  4*5=20  5*5=25
1*6=6   2*6=12  3*6=18  4*6=24  5*6=30  6*6=36
1*7=7   2*7=14  3*7=21  4*7=28  5*7=35  6*7=42  7*7=49
1*8=8   2*8=16  3*8=24  4*8=32  5*8=40  6*8=48  7*8=56  8*8=64
1*9=9   2*9=18  3*9=27  4*9=36  5*9=45  6*9=54  7*9=63  8*9=72  9*9=81


请输入1~81以内的整数，系统将自动进行分解:
8
8=4*2
8=2*4
8=1*8
游戏结束
Press any key to continue
```

图7-13　例7-16程序运行结果

【例7-17】 设计一个简易计算器，用函数直接输出四则运算的结果，相比上一题，增加了反复使用程序这个特点。

```
#include <stdio.h>
int a,b;
char c,d;//定义全局变量
void add()
{
    printf("%d\n",a+b);
}
void sub()
{
    printf("%d\n",a-b);
}
void multi()
{
    printf("%d\n",a*b);
}
void div()
{
    printf("%f\n",(double)a/b);
}
int menu()
{
```

```
    int select =0;
    printf("\n 请输入需要运算的表达式:\n");
    scanf("%d%c%d",&a,&c,&b);
    return c;
}
void main()
{
    int flag;//局部变量
    char d;
    printf("\n* 欢迎使用简易计算器*  \n");
    for(;;)
    {
          for(;;)
          {
                flag =0;
                switch(menu())
                {
                case '+':add();break;
                case '-':sub();break;
                case '* ':multi();break;
                case '/':div();break;
                default:flag =1;printf("对不起,你输入的运算符不合法!
                请重试\n");
                }
                if(0 = =flag)
                     break;
          }
          printf("请按下Q键退出,按下任意键继续\n");
          getchar();//吸收回车符
          scanf("%c",&d);
          if(d = ='Q' ||d = ='q')
          {
               printf("谢谢使用\n");
               break;
          }
    }
}
```

程序运行结果如图 7-14 所示。

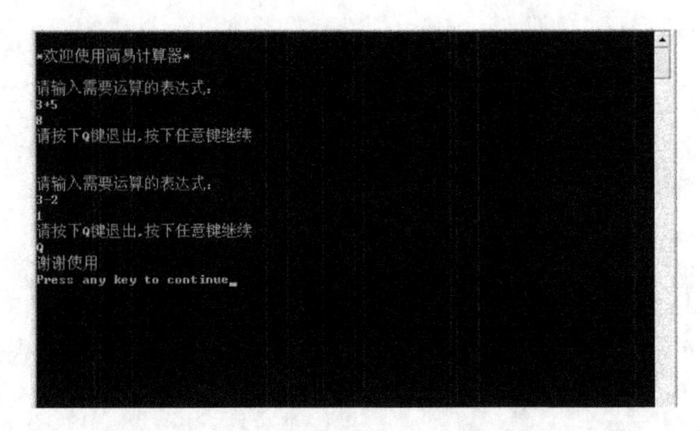

图 7-14　例 7-17 程序运行结果

【例 7-18】 设计一个简易的银行系统，要求有存款、取款、查询、退出 4 个功能。其具有反复使用菜单的特点，并且当用户选择退出时才退出系统。

```
#include <stdio.h>
#include <stdlib.h>
int ban=0;
int q=0;
query()
{
    printf("您的余额为:%d\n\n",ban);
}
save()
{
    printf("\n 欢迎进入存款菜单\n");
    printf("\n 请输入您要存入的金额\n");
    scanf("%d",&q);
    printf("\n 存款结束! \n");
    ban=ban+q;
    query();
}
draw()
{
    printf("\n 欢迎进入取款菜单\n");
    printf("\n 请输入您要取出的金额\n");
    scanf("%d",&q);
    if(q<=ban)
    {
        printf("\n 取款结束! \n");
        ban=ban-q;
```

```
        query();
    }
    else
        printf("\n对不起余额不足! \n");
}
transfer()
{
    printf("\n转账功能正在建设中,敬请期待! loading... \n");
}
quit()
{
    printf("\n谢谢使用,再见! \n");
}
int menu()
{
    int select=0;
    printf("\n\t* 欢迎进入到小型银行系统* \n\n");
    printf("\t1-存款\t\t");
    printf("\t2-取款\t\t\n");
    printf("\t3-查询\t\t");
    printf("\t4-取款\t\t\n");
    printf("\t5-退出\n");
    printf("\n\n输入您要选择操作的序号\n\n");
    scanf("%d",&select);
    return select;
}
void main()
{
    int flag;
    for(;;)
    {
        flag=0;
        system("pause");
        system("cls");
        switch(menu())
        {
        case 1:save();break;
        case 2:draw();break;
        case 3:query();break;
```

```
            case 4:transfer();break;
            case 5:quit();return 0;
            default:printf("\n 输入错误请重试\n");
            }
        }
}
```

程序运行结果如图 7-15 所示。

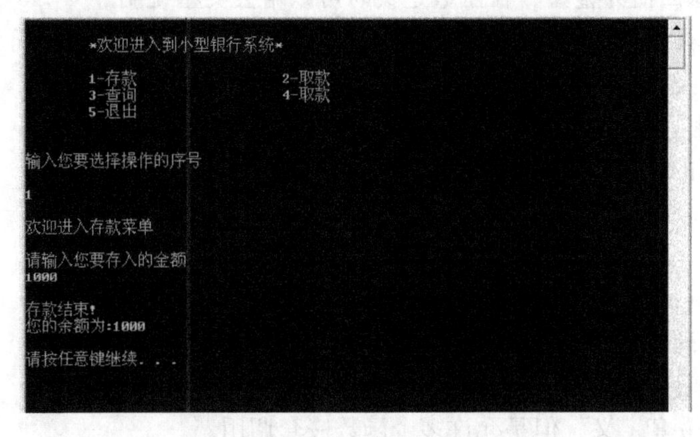

图 7-15　例 7-18 程序运行结果

思考

程序中有一个转账功能尚未完成，等大家学习了文件之后再思考如何完善本程序，并考虑加入用户密码验证功能。

7.10　小结

1. 函数概述

函数的 3 个作用：任务划分、代码重用、信息隐藏。

2. 函数的定义

(1) 函数定义的一般形式

函数定义包括函数的首部和函数体两个部分。

(2) 函数的参数

无参函数的定义形式：

函数返回值的类型 函数名 ( )

{

//函数体

}

有参函数的定义形式：

函数返回值的类型 函数名 (类型 形参 1，类型 形参 2，…)

```
{
//函数体
}
```

（3）函数的返回值

1）函数的返回值只能通过 return 语句获取，并返回给主调函数。

2）函数在首部定义中的返回值类型，应该和 return 后表达式或变量的类型保持一致。如果两者不一致，则以函数首部中定义的类型为准，自动进行类型转换。

3）如果函数返回值为整型，在函数定义时可以略去类型说明。

4）不需要有返回值的函数，可以明确定义为“空类型”，类型说明符为“void”。一旦函数被定义为 void 类型后，就不能在主调函数中使用被调函数的函数值。

3. 函数的调用

（1）函数调用的一般形式

无参函数：

函数名（ ）；

有参函数：

函数名（实参列表）；

（2）函数的嵌套调用

函数中不允许嵌套定义，但是允许多个函数嵌套调用。

（3）函数的递归

直接或间接的调用自身称为递归，注意结束条件的参数设置。

4. 函数的声明

函数的声明和函数的定义区别在于声明是语句，所以需要加分号，而定义则不加。是否需要写声明，要看被调函数和主调函数之间的撰写顺序，如果被调函数在主调函数的前面，那么声明可以不写，反之则必须要写。

5. 数组作为函数参数

（1）数组元素作为函数的实参

数组元素同普通变量一样，向形参传递数据。

（2）数组名作为函数的实参

数组名代表数组元素的首地址，向形参传递地址，传递完成之后，形参和实参指向同一内存单元。

6. 变量的作用域

变量的作用域从定义它开始，如果是在函数中定义的，则在函数中可以被使用，出了函数不允许使用，称为局部变量；如果是在函数外部定义的，则从定义开始一直到程序结束，称为全局变量。

【案例分析与实现】

定义学生信息管理系统中的各个子模块的功能，并当用户输入需要进行的操作序号（1 ~ 5）后，程序执行相对应的功能，如录入学生信息、通过学号查找学生信息、统计三门课程平均分、统计总分最高分、退出操作。

分析：在学生信息管理系统的案例中，首先考虑到学生信息包括两个部分，一是学号，二是成绩，可以用整型数组来完成；然后应设计一个系统菜单页面，在执行完相应的操作后，可返回系统菜单，由用户选择下一步操作的序号，如查找、统计、退出等；最后设计相应的功能模块，即录入学生信息模块、查找学生信息模块、统计学生平均成绩模块、统计学生总分最高分模块以及退出系统模块，在程序中用调用来实现具体的功能。

因为目前所学的知识还不足以完善本系统，在处理输入的数组时做了简化，采用二维数组其实并不合理，系统部分功能也做了简化，请大家在充分理解函数编程的思路后，完成后续的思考题。实现代码如下：

```
#include <stdio.h>
#include <stdlib.h>
#include <string.h>
#include  <conio.h>
#define M 1000//假设能存储1000 条学生记录
#define N 4//设计了一个学号,三门成绩,总共4 列
#define ESC 27//退出键的ASCII 码
int n =0;//设置全局变量
static int stu[M][N]; //设置全局数组
int menu()
{
    int select =0;
    printf("---------------------------------------------\n");
    printf("\t\t欢迎使用学生成绩管理系统\n");
    printf("\t\t(请按照序号选择要执行的操作)\n\n");
    printf("1、录入学生的信息(学号,成绩)\t\t");
    printf("2、查询录入学生的信息\n\n");
    printf("3、查询学生的平均成绩\t\t\t");
    printf("4、查询学生的总分的最高分\n\n");
    printf("5、退出! \n\n");
    printf("---------------------------------------------\n");
    scanf("%d",&select);
    return select;//返回用户的选择到main 函数中,调用相应的函数模块
}

void input()
{
    int i,j,flag;
    printf("\t\t要录入几个学生的信息? \n");
    scanf("%d",&n);
    if(n<=M)//判断是否超出了程序设置的最大录入学生人数1000
    {
```

```
        for(i =0;i <n;i++)
        {
            for(;;)//设置死循环来保证输入的学号不重复
            {
              flag =0;//设置标志位,判断学号是否重复
              printf("\t\t请输入第%d学生的学号\n",i +1);
              scanf("%d",&stu[i][0]);
              for(j =0;j <i;j + +)
              {
                if(stu[i][0] = =stu[j][0])
                {
                    flag =1;
                    printf("\t\t输入有误,学号不能重复! 请重试! \n\n");
                    break;
                }
              }
              if(flag = =0)
                   break;
            }
            printf("\t\t请输入学生大学语文、大学英语、高等数学三门课的成
            绩\n");
            scanf("%d%d%d",&stu[i][1],&stu[i][2],&stu[i][3]);
        }
    }
    else printf("\t\t警告! 输入学生信息个数超过设定的最大值\n");
    printf("输入完成! \n\n");
    system("pause");//系统函数,按下任意键后继续
}
void search_stu_id() //按学生学号查找
{
    int i;
    int sno;
    int flag =0;
    while(1)
    {
        printf("输入要查找的学号(返回主菜单请按ESC键,按下任意键继续):");
        if(! kbhit()&&getch() = =0x1b)
        {
            break;
```

```
        }
        else
        {
            scanf("%d",&sno);
            for(i=0;i<n;i++)
            {
                flag=0;
                if(stu[i][0]==sno)
                {
                    flag=1;
                    printf("此学生信息:\n");
                    printf("学号%d\n大学语文成绩:%d分\t大学英语成
                    绩:%d分\t高等数学成绩:%d分\t",stu[i][0],stu
                    [i][1],stu[i][2],stu[i][3]);
                    putchar('\n');
                    break;
                }
            }
            if(!flag)
                printf("没有此学生信息!\n");
        }
    }
}

void average()
{
    int i,j;
    double sum,aver;
    for(i=0;i<n;i++)
    {
        sum=0;
        for(j=1;j<N;j++)
            sum+=stu[i][j];
        aver=sum/(N-1);
        printf("学号是%d同学的平均成绩是%.2f分\n",stu[i][0],aver);
    }
    system("pause");
}
```

```
void maxx()
    {
    int i,j;
    int sum;
    int s[M];
    int max,k=0;
    for(i=0;i<n;i++)
    {
        sum=0;
        for(j=1;j<N;j++)
            sum+=stu[i][j];
        s[i]=sum;
    }
    for(i=0;i<n;i++)
    {
        printf("学号是%d同学的总评成绩是%d分\n",stu[i][0],s[i]);
    }
    for (i=0; i<n; i++)
    {
        max=s [0];
        if (max<s [i])
        {
            k=i;
            max=s [i];
        }
    }
    printf (" 班级最高分%d分\n", max, stu [k] [0]);
        system (" pause");
}

void quit ()
{
    printf (" 谢谢使用本系统，再见！ \n");
}

int main ()
{
    for (;;)
    {
```

```
        system("cls");
        switch(menu())
        {
        case 1:input();break;
        case 2:search_stu_id();break;
        case 3:average();break;
        case 4:maxx();break;
        case 5:quit();return 0;
        default:printf("对不起,操作错误请重试\n");exit(0);
        }
    }
}
```

思考

1）查询学生的平均成绩 average( ) 模块中，如何通过学号来查询指定学生的平均成绩，如学号输入错误显示查无此人。

2）如果有多位同学的总分值相同均为最高分，程序在 maxx( ) 函数部分应做如何设计才能在输出最高分的同时显示出获得最高分学生的学号？

3）学生相关信息的属性不止包括学号和成绩，如学号、姓名、性别、年龄、所属院系、专业、成绩等，其数据类型不可能共用一种，因为数组是要求数据属于同一类型的，所以用数组来做显然不合适，可考虑采用结构体。

4）本案例中采用二维数组的方式存储学生的信息，并且将二维数组设置为全局数组变量以保障所有函数在调用时数据是可用的状态，虽简化了储存形态也实现了程序的功能，但程序的可读性并不强，而且如果录入一部分学生信息后做了其他操作，返回再继续录入学生信息时，二维数组处理起来相当烦琐，此时可考虑采用结构体。

5）系统涉及的功能模块很多，如录入信息后要求查询、排序、输出等，那么录入的学生信息就应该先进行存储，然后在其他功能模块中导入这些信息后进行相应的操作，可考虑采用文件。

在学习完后续章节后，希望大家能自行完善本案例。

习　　题

1. 编写函数打印如图 7-16 所示的图形，将图形中的行数作为函数的形参。在 main（）函数中输入行数 n，调用该函数打印行数为 n 的图形。例如，输入 5，则打印出 5 行的三角形。

2. 编写一个求 1 ~ n 之间奇数和的函数。在 main( ) 函数中输入 n，然后调用该函数求 1 ~ n 之间奇数和并输出。

3. 编写一个函数，该函数的功能是判断一个整数是不是素数。在 main( ) 函数中输入一个整数，调用该函数，判断该数是不是素数，若是则输出“yes”，否则输出“no”。

图 7-16　打印图形

4. 在 main( )函数中输入一个人的年龄和性别，女性退休年龄为 55 岁，男性退休年龄为 60 岁，编写一个函数根据年龄和性别判断一个人是工作还是退休，若工作则输出“工作工作”，退休则输出“休息休息”。

5. 编写一个函数，判断某一个 4 位数是不是玫瑰花数（所谓玫瑰花数即该 4 位数各位数字的 4 次方和恰好等于该数本身，如 $1634 = 1^4 + 6^4 + 3^4 + 4^4$）。在主函数中从键盘任意输入一个 4 位数，调用该函数，判断该数是否为玫瑰花数，若是则输出“yes”，否则输出“no”。

6. 编写一个函数，函数的功能是求出所有在正整数 M 和 N 之间能被 5 整除，但不能被 3 整除的数并输出，其中 M < N。在主函数中调用该函数求出 100 ~ 200 之间能被 5 整除，但不能被 3 整除的数。

第 8 章

指　针

学习要点

1. 指针的概念，指针变量的定义、初始化、引用
2. 指向数组的指针及指针数组
3. 通过指针引用字符串
4. 指向函数的指针及返回指针的函数
5. 指针的应用

导入案例

案例：函数中多数据的返回

从键盘输入一个班级中所有学生的某门课程的成绩，然后统计并按一定格式输出最高分、最低分、平均分，同时输出优秀人数、良好人数、及格人数、不及格人数以及各分数段人数所占比例。

分析：由于程序中要求完成统计最高分、最低分、平均分和各分数段的人数以及所占比例，功能较多，可以通过模块化的方法，编写多个函数来实现相应的功能，这样可以降低编程的难度，也可以提高程序的可读性和编程的效率。可是，在前面所讲的函数中，函数只能有一个返回值，参数之间只能是实参的值传递给形参，实现的是单向传递。如何使函数能有多个返回值呢？这就需要用到指针。

指针是C语言的一个重要概念，也是C语言的一个重要特色。C语言的高度灵活性及极强的表达能力，在很大程度上表现在巧妙而灵活地运用指针。通过指针，可以有效地表示复杂的数据结构；与数组结合，使引用数组元素的形式更加多样；与函数结合，利用指针形参，函数能方便地实现地址参数的传递；可以动态地分配内存。正确使用指针，能写出紧凑高效的程序。因此，必须深入地学习和掌握指针的概念。可以说，没掌握指针就是没有掌握C语言的精华。

指针是一个比较复杂、不易掌握的概念，要想理解和掌握指针，需要多思考、多编程练习、多上机实践，在实践中体会指针的用法。

本章讲述的主要内容包括指针的概念、指针作为函数参数、数组的指针表示、指针数组、函数的指针、指针函数以及指针的应用等。

8.1　指针的基本概念

8.1.1　指针的概念

在C语言中，所有的数据都是存放在存储器中的。一般把存储器中的一个字节称为一

个存储单元，不同的数据类型所占用的存储单元数不同。例如，Visual C++ 6.0 为 int 型变量分配 4 个字节，为一个 float 变量分配 4 个字节，为一个 char 变量分配 1 个字节。

1. 地址及取地址运算符

在程序中定义了一个变量，系统会根据变量的类型为其分配相应字节的存储空间，用于存放数据，存放的数据称为存储单元的内容，而系统为变量分配的存储空间的首个存储单元的地址称为变量的地址。

可按以下方式获取变量的地址：

& 变量名

& 是单目运算符，称为取地址运算符，其操作数是变量名。例如，char c;，则 &c 是获取字符变量 c 的地址。

利用存储空间的地址，可以访问存储空间，从而获得存储空间的内容。地址就好像是一个路标，指向存储空间，因此又把地址形象地称为指针。

假设有定义：int a = 10；则系统将为变量 a 分配 4 个字节的存储空间，并假设该空间的起始地址为 0012FF56H，变量 a 的地址和变量 a 的存储空间内的内容如图 8-1 所示。

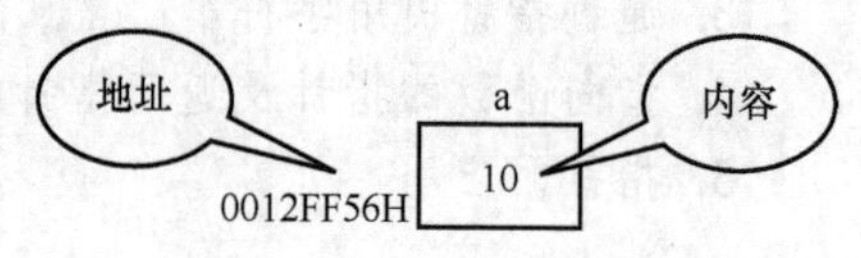

图 8-1　a 变量的地址和内容

2. 指针变量

在 C 语言中，除了用于存放用户数据的变量（普通变量）外，还有一种特殊的变量专门用来存放变量的地址，存放地址的变量称为指针变量，指针变量的值为地址。

如果 pa 是存放整型变量地址的变量，如有以下语句：

```
int a =10,* pa;
pa =&a;
```

即将 a 的地址赋值给指针变量 pa，则称“指针变量 pa 指向变量 a”，或“pa 是 a 的指针”，被 pa 指向的变量 a 称为“pa 的对象”。“对象”就是一个有名字的内存区域，即一个变量。这时，对变量 a 的访问就有两种方式，分别是直接访问变量 a 和通过指向 a 变量的指针变量 pa 来访问。

指针变量 pa 指向变量 a，常用图 8-2 或图 8-3 来表示。

图 8-2　pa 指向 a（一）　　图 8-3　pa 指向 a（二）

指针的类型是指针变量所指对象的数据类型。例如，pa 是指向整型变量的指针，简称整型指针。整型指针是基本类型的指针之一，除各种基本类型之外，允许说明指向数组的指针、指向函数的指针、指向结构和联合（第 9 章会介绍）的指针以及指向指针的指针。地址是指针变量的值，也称为指针，指针变量有时也简称为指针。因此，指针一词可以指地址值、指针变量，还可以是地址和指针变量。

8.1.2　指针变量的定义与初始化

1. 指针变量的定义

指针变量同其他普通变量一样，必须先定义后使用。

指针的定义形式为：

```
存储类型说明数据类型* 指针变量名;
```

说明：

1）指针说明和一般变量说明语法相似，只是在变量之前都有“*”符号。

2）“*”后面的名字是指针变量名，指针变量名遵循C语言标识符命名规则。

3）指针的数据类型，是指针所指向的变量的数据类型，而不是指针自身的数据类型，指针变量本身只能装地址值，显然只属于整型范畴。

例如：

```
int * p;
char * pc;
float * pf;
```

其中，定义的p是一个指针变量，它只能指向int型的变量。同样，pc只能指向char型的变量，pf只能指向float型的变量。

4）C语言中还有一种“void *”的指针变量，凡定义为void的指针指向对象的类型不定，在使用前可临时赋值，强制转换成相应的对象类型。

2. 指针变量的初始化

定义了指针变量，但此时指针变量的指向是不确定的。最好不要对没有明确指向的指针变量进行操作（VC++明确出错），否则可能破坏其他程序的存储空间。使指针有一个明确的指向，通常的方法是对指针变量进行初始化或赋值。

指针变量在定义的同时，被赋予初值，称为指针变量的初始化。指针变量初始化的一般形式为：

```
存储类型说明数据类型* 指针变量名=初始地址值;
```

说明：

1）赋值号前面的部分为指针的定义，在定义的同时赋值。

2）初始地址值通常形式为`int x,* px = &x;`。

3）指针类型虽然可装整型数据，但注意指针变量不能存放一般的整型数，这个数必须是合理、可用的内存地址。一个一般的整型数代表的地址未必合理，也未必可用，因为如果在代码区会造成程序崩溃，而在ROM区则不可用。

4）可以把指针初始化为空指针。例如，在头文件stdio.h中，有如下定义：

```
#define NULL 0
```

可以定义：

```
int * p=NULL;
```

注意：p的值为NULL，与未对p赋值是两个不同的概念。前者是有值的（值为0），不指向任何变量；后者虽未对p赋值，但并不等于p无值，只是它的值是一个无法预料的值，也就是p可能指向一个事先未指定的单元，这种情况是很危险的，因此，在引用指针变量之前应对其赋值。

任何指针变量或地址都可以与NULL做相等或不相等的比较。

8.1.3 指针的引用及运算

1. 指针的引用

在引用指针变量时，可能有两种情况。

1）给指针变量赋值。例如：

```
pa =&a;
```

即把 a 的地址赋给指针变量 pa，又称让 pa 指向 a。

2）引用指针变量指向的变量。

如果已执行"pa =&a;"，即指针变量 pa 指向了整型变量 a，则：

```
printf("%d",* p);
```

其作用是以整数形式输出指针变量 p 所指向的变量的值，即变量 a 的值。

如果有以下赋值语句：

```
* pa =20;
```

表示将整数 20 赋给 pa 当前所指向的变量，如果 pa 指向变量 a，则相当于赋给 a，即"a =20;"。

2. 指针的运算

要熟练掌握两个与指针有关的运算符。

1）&：取地址运算符，&a 是变量 a 的地址。

2）*：指针运算符，又称"间接访问"运算符，*p 代表指针变量 p 指向的对象。

指针运算符"*"的作用与取地址运算符"&"完全相反，两者互为逆运算。例如，表达式*&i 的运算过程：先由"&"计算变量 i 的存储区地址，后由"*"作用于该地址&i，求出存放在该地址的变量的内容，即为 i 变量的值。

这里也可以由运算符号的结合方向和优先级别考虑："*"与"&"具有相同的优先级别，并且是自右向左的结合方向。

8.1.4 指针变量作为函数参数

由第 7 章已知，C 语言中函数的参数可以是整型、实型、字符型等基本类型，还可以是数组名。这里，指针也可以作为函数参数，传递地址值。

当常量、普通变量、表达式、数组元素作为函数参数时，实参与形参之间是单向的数值传递，函数调用时把实参的值传递给形参，形参通常是局部动态临时变量，形参的改变对实参没有任何影响，因此不能企图通过改变形参的值而达到处理实参的目的。

利用指针，能够通过函数调用的形式改变主调函数实参的值。实参与形参变量共用一个内存空间，都可以引用其值，也都可以对它进行修改，指针作为参数对值的影响是双向的。

【例 8-1】 通过子函数 swap ( )，实现两整型变量的数据交换。

分析：只能使用指针作为函数参数，才能实现双向传递。

参考程序如下：

```
#include <stdio.h>
void swap(int * pa,int * pb);
void main()
```

```
{
    int a =10,b =20;
    printf("a,b 交换前的值分别为:%d,%d 的\n",a,b);
    swap(&a,&b);
    printf("a,b 交换后的值分别为:%d,%d 的\n",a,b);
    }
void swap(int * pa,int * pb)          //定义两个指针形式参数
{
    int t;
    t =* pa;                          //实现 pa 与 pb 所指向的变量值的交换
    * pa =* pb;
    * pb =t;
}
```

程序运行结果如图 8-4 所示。

```
a,b交换前的值分别为: 10,20的
a,b交换后的值分别为: 20,10的
```

图 8-4 例 8-1 程序运行结果

思考

1) 主调函数如果写成“swap (a, b)”的形式，能否达到交换的目的?

2) 如果 swap () 函数编写成以下 3 种形式，主函数与例题一样，a 与 b 的值能否交换? 原因是什么?

```
① swap(int pa,int pb)
   {
       int t;
       t =px;
       px =py;
       py =t;
   }
```

```
② swap(int * pa,int * pb)
   {
       int * t;
       t =px;
       px =py;
       py =t;
   }
```

```
③ swap(int * pa,int * pb)
   {
       int * t;
       * t =* px;
       * px =* py;
       * py =* t;
   }
```

指针变量作为函数参数时，它的影响是双向的，这是地址传递的一个优点。

说明:

1) 若采用了地址值传递的方式，可不用 return 语句，通过内存共用，也能够达到主调函数和子函数之间传递值的目的。

2) 当函数需要返回多个值时，用 return 语句不能做到，因为 return 语句只能返回一个值。这时可以设置一些空的或初始化后的指针变量作为函数参数，达到返回多个值的目的。

【例 8-2】 统计一行正文中字母、数字、其他字符的个数。

分析: 本题要返回 3 个值，用 return 语句显然不能做到。须定义 3 个指针或地址值作为参数，通过共用内存，即主函数和子函数都可操作同一存储空间来达到传递值的目的。

参考程序如下:

```
#include <stdio.h>
#include <string.h>
void count(char s[],int * pa,int * pb,int * pc)
{
    char c;
    int i;
    for(i=0;i<strlen(s);i++)
    {
          if(s[i]>='a' && s[i]<='z'||s[i]>='A'&&s[i]<='Z')
               ++* pa;
          else if(s[i]>='0'&& s[i]<='9')
               ++* pb;
          else
               ++* pc;
    }
}
void main()
{
    char s[20];
    int a=0,b=0,c=0;
    printf("请输入一串字符:\n");
    gets(s);
    count(s,&a,&b,&c);
    printf("此串字符中,字母为%d个,数字为%d个,其他字符为%d个\n",a,b,
    c);
}
```

程序运行结果如图 8-5 所示。

图 8-5　例 8-2 程序运行结果

8.2　指针与数组

指针与数组是 C 语言中很重要的两个概念，它们之间有着密切的关系，利用这种关系，可以增强处理数组的灵活性，加快程序运行的速度。

8.2.1　指针与一维数组

C 语言中规定数组名是一个地址常量，而指针是地址变量，它们可以很好地结合在一起。

1. 数组的指针表示

如果想让一个指针指向数组 a，则必须首先定义一个指针，并且该指针的类型应与数组 a 的元素类型一致。例如：

```
int a[10];
int * pa;
pa = a;
```

数组名表示数组中第一个元素的地址值，即数组的首地址，也就是该数组所占据的一串连续存储单元的起始地址。现在将该数组名赋给指针变量 pa，则 pa 指向数组 a，如图 8-6 所示。

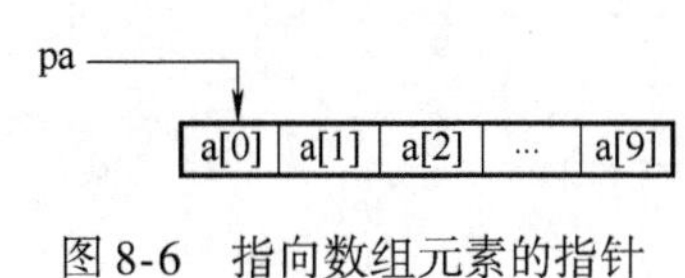

图 8-6　指向数组元素的指针

下面的语句也可以完成使指针 pa 指向数组 a 的操作：

```
pa = &a[0];      //等价于 pa = a;
```

根据数组存放和地址计算的规则，表达式 a + 1 代表数组元素 a［1］的地址，同理 a + 2 代表 a［2］的地址，a + i 代表 a［i］的地址。作为一个特例，当 i = 0 时，a + 0 就是 a，表示数组元素 a［0］的地址，即数组的首地址。

对于上述指向数组 a 的指针变量 pa，若 pa 的值为数组 a 的首地址，则表达式 pa + i 与表达式 a + i 所表达的含义一致，即 a［i］的地址，此时也可以说 pa + i 指向 a［i］，或者说 pa + i 为 a［i］的指针。

说明：

1）运算符“［］”实际上完成变址运算，即将 a［i］按 a + i 计算地址，然后找出此单元的内容。

2）任何指向数组元素的指针变量在引用数组时，除可以用指针形式 *（pa + i）引用外，也可以像数组一样通过下标引用数组元素，如 pa［i］与 *（pa + i）。

【例 8-3】 把一个字符串的字符逆序输出。

分析：通过指针加上整数运算，先使指针 ps 指向最后一个字符，再输出 ps 所指向的字符，每次循环 ps 指针减 1。

参考程序如下：

```
#include <stdio.h>
#include <string.h>
void main()
{
    char s[] = "abcdefghijk";
    char * ps;
    int i;
    printf("字符串为:\n%s\n",s);
    printf("字符串的倒序为:\n");
    for(ps = s + strlen(s)-1;ps >= s;ps--)
    {
```

```
        printf("%c",* ps);
    }
    printf("\n");
}
```

程序运行结果如图 8-7 所示。

图 8-7 例 8-3 程序运行结果

2. 引用数组元素的两种形式

1）下标法，如通过 a [i] 引用。

2）指针法，通过数组名计算数组元素的地址来引用数组元素，如 * (a+i)；或利用指向数组的指针变量，如 * (pa+i) 或 pa [i]。

虽然指针和数组关系非常密切，几乎所有引用数组的场合都可以用指向它的指针来替代，但指针和数组又是完全不同的两个概念。

说明：

1）pa 是指针变量，它的值可以改变，如“pa + =3;”及“pa++;”等都是正确的表达式语句。

2）a 是地址常量，“a + =3;”及“a++;”等却为非法，因为 a 是常量，它的值在定义数组时就已确定，即编译系统为数组 a 分配的起始地址。

3）只有当指向数组 a 的指针 pa 的值为数组的首地址时，* (pa+i) 或 pa [i] 才和 a [i] 等价。当 pa 的值不指向数组的首地址时，则它们就不完全等价。例如：

```
pa =a +2;
```

此后，则 pa [0] 相当于 a [2]，pa [-2] 相当于 a [0]，pa [3] 相当于 a [5]，因此在用指针引用数组时要注意指针所指向的数组元素的位置。

4）对数组赋值，可采用指向数组元素的指针运算方法和下标方法。例如，pa 指向 a [0]，则可通过给 * (pa+i)、* p [i] 或 p [i] 赋值，从而给数组元素 a [i] 赋上新值。

3. 指向数组的指针变量的运算

在使用指针变量引用数组元素时，需要注意指针变量的运算问题，特别是对于运算符“++”与“--”使用的前后次序。

1）表达式“* p++”等价于“* (p++)”，即“++”运算是作用于指针而不是指针的对象。因为单目“*”和“++”是同一优先级，是按从右至左结合的运算符。不同于 (* p) ++，它是将 p 所指对象的值加 1。“* p++”的含义是先取 * p 的值，再使 p 指向下一个元素；而“*++p”表示先使 p 指向下一个元素，再取其所指对象的值。

2）两个指针变量可以相减。若两个指针变量都指向同一个数组中的元素，则两个指针变量值之差是两个指针之间的元素个数。

3）两个指针变量可以比较大小。如果两个指针变量都指向同一个数组中的元素，则指向前面的元素的指针变量“小于”指向后面的元素的指针变量。

注意：如果两个指针变量不指向同一数组则相减及比较都没有意义。

【例8-4】 有一个数组用来存放10个学生的成绩，求平均成绩。要求通过指针变量来访问数组元素。

分析：定义数组x［10］来存放10个学生成绩。通过指针加上整数运算，先使指针px指向第一个成绩，每次循环px指针加1，通过指针间接访问求和。

参考程序如下：

```
#include <stdio.h>
void main()
{
    float x[10];
    float sum=0.0,aver,* px;
    int i;
    px=x;
    printf("请输入10个学生的成绩:(以空格分开)\n");
    for(i=0;i<10;i++)
    {
        scanf("%f",px);
        px++;
    }
    for(px=x;px<=x+9;px++)
        sum+=* px;
    aver=sum/10;
    printf("10个学生的平均成绩为:%.2f\n",aver);
}
```

程序运行结果如图8-8所示。

```
请输入10个学生的成绩：(以空格分开)
66 77 88 99 98 87 76 65 68 66
10个学生的平均成绩为： 79.00
```

图8-8　例8-4程序运行结果

8.2.2　指针与二维数组

对于多维数组，也可以使用指针来描述，但在概念的理解上多维数组的指针比一维数组要复杂。二维数组是使用较多的，因此先看二维数组地址的表达形式。

1. 通过地址来引用二维数组元素

下面以二维数组为例来描述多维数组的存储结构和地址的表达形式。

例如，定义一个3行4列的二维数组a：

```
int a[3][4]={{1,2,3,4},{5,6,7,8},{9,10,11,12}};
```

可以这样理解：a 是数组名，数组 a 中含有由 3 个一维数组组成的行元素 a [0]、a [1] 和 a [2]，而 a [0]、a [1] 和 a [2] 又分别是 3 个一维数组的起始地址，它们分别包含 4 个列元素。例如，一维数组 a [0] 包含有 a [0] [0]、a [0] [1]、a [0] [2] 和 a [0] [3] 4 个元素。

二维数组名 a 代表整个二维数组存储空间的首地址，即第 1 行的首地址。二维数组中 a、a+1、a+2 所指目标 a [0]、a [1]、a [2] 分别代表各行元素的首地址，即 a [0] 等价于 &a [0] [0]、a [1] 等价于 &a [1] [0]、a [2] 等价于 &a [2] [0]。

同样，也可以将 a [0] 看成一个一维数组的数组名，由一维数组指针变量表示法，第 1 行第 1 列元素即 a [0] [0] 的地址可以写为 a [0] +0，第 1 行第 2 列元素即 a [0] [1] 的地址可以写为 a [0] +1，第 1 行第 3 列元素即 a [0] [2] 的地址可以写为 a [0] +2，第 1 行第 4 列元素即 a [0] [3] 的地址可以写为 a [0] +3。

一般情况下，数组元素 a [i] [j] 的地址可写为 a [i] +j，而由一维数组与指针的关系可知，a [i] 与 * (a+i) 完全等价，所以 a [i] +j 也可以写成 * (a+i) +j。又因 a [i] +j 代表 &a [i] [j]，所以 * (a+i) +j 与 &a [i] [j] 等价。

归纳来看，对于数组 a [3] [4]，有 5 种表示二维数组元素以及相应地址的方法，见表 8-1。

表 8-1 二维数组的元素表示及元素地址表示对照表

二维数组元素表示方法	二维数组元素地址表示方法
a [i] [j]	&a [i] [j]
* (a [i] +j)	a [i] +j
* (* (a+i) +j)	* (a+i) +j
(* (a+i)) [j]	a [0] +4*i+j
* (&a [0] [0] +4*i+j)	&a [0] [0] +4*i+j

2. 通过一个指向二维数组的指针变量来引用二维数组

指向二维数组的指针变量与指向一维数组的指针变量用法相似，定义指针后，将二维数组的首地址赋给指针即可。

对于二维数组，可以像处理一维数组一样用指向数组元素的指针变量，即“按列变化的指针”，这是使用较多的情况。

【例 8-5】 使用指向数组元素的指针变量引用数组，对一个 3 行 4 列的整型数组赋值并按照 3 行 4 列的格式对齐输出。

分析：定义 3 行 4 列的数组 a 和一个指针 p，使指针 p 指向数组 a，利用 for 循环嵌套通过指针 p 来对数组 a 进行操作。

参考程序如下：

```
#include <stdio.h>
void main()
{
    int a[3][4],* p;
    int i,j,k =1;
```

```
    p = &a[0][0];                  //使指针指向数组 a 的首地址
    for(i = 0;i < 3;i ++)          //给数组元素赋值
        for(j = 0;j < 4;j ++)
        {
            * p = k;
            p ++;
            k ++;
        }
    p = &a[0][0];                  //指针再次指向数组 a 的首地址
    printf("数组 a 如下:\n");
    for(i = 0;i < 3;i ++)
    {//输出数组
        for(j = 0;j < 4;j ++)
        {
            printf("%5d",* p ++);
        }
        printf("\n");              //换行
    }
}
```

程序运行结果如图 8-9 所示。

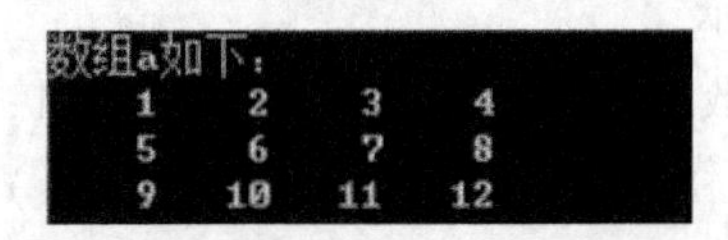

图 8-9　例 8-5 程序运行结果

3. 通过建立一个行指针来引用二维数组

在 C 语言中，二维数组可以看作由多个一维数组构成，因此，可以定义一个指向由 n 个元素组成的数组的指针变量，然后用该指针指向其中的一个一维数组，即所谓的用“行指针”（数组指针）处理二维数组。

“行指针”定义的一般形式为：

```
存储类型说明数据类型(* 数组名)[整型常量];
```

说明：

1）“整型常量”为该指针所要指向的二维数组中每一行元素的个数，即与数组列数同值。

2）定义中的圆括号是必须的，否则成为了指针数组。

例如：

```
int a[3][4],(* pp)[4];
pp = a;
```

二维数组的每一行又是一个一维数组。这里定义了一个指针变量 pp，其可以指向有 4

个整型元素的一维数组，通过赋不同的地址值，pp就指向了二维数组的不同行，因此pp又称为“行指针”。通过pp=a赋值后，pp指针就指向二维数组a的首行。

表达式pp+i的含义相当于a+i，即指针指向二维数组的第i行，同二维数组元素的地址计算规则相对应，它们也有以下等价形式。

```
1)pp[i][j]等价于a[i][j]。
2)* (pp[i] +j)等价于* (a[i] +j)。
3)* (* (pp +i) +j)等价于* (* (a +i) +j)。
```

不同的是，pp［i］的值是可变的，而a［i］的值是不可变的。

【例8-6】 使用行指针引用二维数组。

分析：定义3行4列的数组a和一个行指针数组（*p）［4］，使指针p指向数组a。该程序中p是一个指针，它指向含有4个元素的一维数组。通过p指针来对数组a进行引用。

参考程序如下：

```
#include <stdio.h>
void main()
{
     int a[3][4]={{1,2,3,4},{5,6,7,8},{9,10,11,12}};
     int (* p)[4],i;
     p=a+1;               //给指针赋值
     printf("%5d,%5d\n",p[1][1],* (p[1]+2));
}
```

程序运行结果如图8-10所示。

```
   10,   11
```

图8-10　例8-6程序运行结果

程序中p是一个指向一维数组的指针。当执行p=a+1；后，p指向a数组的第1行。p［1］［1］等价于*(*(p+1)+1)，即a［2］［1］元素的值。同理，*(p［1］+2)即为a［2］［2］的值。

8.2.3　指针与字符串

字符数组通常用来存放字符串，指针指向字符数组也就指向了字符串，因此通过指针可以引用它所指向的字符串。本节主要讲指向字符串指针的定义、赋值及引用方法。

1. 指向字符串指针变量的定义及赋值

指向字符串指针变量定义的一般形式如下：

```
char * 指针变量;
```

例如：

```
char * p1,* p2 ="abcde";
```

以上的定义中p2在定义的同时直接赋了初值“abcde”，即将存放字符串的存储单元起始地址直接赋给了指针变量p2。

如果已经定义了一个字符型指针变量，也可以通过赋值运算将某个字符串的起始地址赋给它，从而使指针指向一个字符串。例如：

```
char * p1;
p1 = "abcde";
```

这里也是将存放字符串常量“abcde”的首地址赋给了指针变量p1。

2. 字符指针的引用

当一个字符型指针变量指向了某个字符串后，就可以利用指针变量来处理这个字符串了。其主要有以下两种处理方式。

（1）整体处理字符串

输入字符串：scanf（"%s"，指针变量）或gets（指针变量），如scanf（"%s"，p1）。

输出字符串：printf（"%s"，指针变量）或puts（指针变量），如printf（"%s"，p1）。

（2）单个处理字符串中的字符

引用第i个字符的格式为*(指针变量+i)，如printf("%c"，*(p1+3))。

【例8-7】 利用指针实现两个字符串的连接。

分析：指针p指向第一个串末尾（最后一个字符的后面），指针q指向第二个串的首部，将第二个串中字符依次放入第一个串后。

参考程序如下：

```
#include <stdio.h>
#include <string.h>
void main()
{
    char str1[20],str2[20],* p,* q;
    printf("Input the two strings:\n");
    printf("str1 =");
    gets(str1);
    printf("str2 =");
    gets(str2);
    p=str1 +strlen(str1);           //p指向第一个字符串的末尾
    q=str2;
    while(* q! ='\0')
       {* p =* q;
        p++;
        q++;
       }
    * p ='\0';
    printf("str1 +str2 =");
    puts(str1);
}
```

程序运行结果如图8-11所示。

```
Input the two strings:
str1=I am
str2=a student.
str1+str2=I am a student.
```

图 8-11 例 8-7 程序运行结果

思考

1）将两个字符串连接后再倒序输出，该如何实现？

2）分析 * p = '\0'; 语句的意义是什么？

8.2.4 指针数组

当一个数组的元素类型为指针类型时，该数组就称为指针数组。

1. 指针数组的定义

指针数组的定义形式为：

```
数据类型 * 数组名[常量表达式];
```

说明：

1）“常量表达式” 表示该数组元素的个数。

2）数据类型表示指针数组的元素能指向的对象的类型。

3）数组名前的“ * ”是必需的，由于它出现在数组名之前。方括号“ [ ]”的运算级别高于指针运算符，因此数组名先与“ [ ]”结合，再与“ * ”结合，即先定义数组名是一个一维数组，再确定该数组的类型为指针类型。

4）指针数组的定义可以和其他变量及数组的定义出现在同一个定义语句中。例如：

```
int * p[3],a[3][4],i;
```

定义指针数组 p，它有 3 个元素，每个元素都是指向 int 型的指针变量。和一般数组定义一样，数组名 p 是第一个元素即 p［0］的地址，也是地址常量。

指针数组的主要用途是处理二维数组，尤其是字符串数组。用指针数组表示二维数组的优点是，二维数组的每一行或字符串数组中的每一个字符串可以具有不同的长度，用指针数组表示字符串数组处理起来十分方便灵活。

2. 用指针数组表示多维数组

用指针数组表示二维数组在效果上与数组的下标表示是相同的，只是表示形式不同。用指针数组表示时，需要额外增加用作指针的存储开销，但用指针方式存取数组元素比用下标速度快，而且每个指针所指向的数组元素的个数可以不相同。用指针数组表示二维数组就是用指针表示二维数组，只是用指针数组更直观、更方便而已。

用指针数组表示二维数组的方法可以推广到三维以上数组。例如，对于三维数组来说，指针数组元素的个数应与左边第一维的长度相同，指针数组的每个元素指向的是一个二维数组，而且每个二维数组的大小也可以不同。

指针数组应用最多的是描述由不同长度的字符串组成的数组。下面的例子说明如何用指针数组描述字符串数组，包括指针数组的定义、初始化和字符串的引用。

【例 8-8】 输入一个表示月份的整数，输出该月份的名字。

分析： 定义一个字符指针数组，每个指针指向一个表示月份的英文字符串，根据输入的月份值，输出对应的指针所指向的字符串。

参考程序如下：

```
#include <stdio.h>
#include <string.h>
void main()
{
     char * monthname[] = {"January","February","March","A-
     pril","May","June","July","August","Septempber","Octo-
     ber","November","December"};
    int i;
    printf("Please input the number of month: \n");
    scanf("%d",&i);
    if(i>=1 && i<=12) printf("%s\n",monthname[i-1]);
    else printf("%s","Error,Illegal month!");
    printf("\n");
}
```

程序运行结果如图 8-12 所示。

Monthname 是含有 12 个元素的字符指针数组，每个指针的初值由表示月份的英文字符串的首地址组成，元素 Monthname［i］是指向第 i 个串的指针。其中，第 1 个月是 Monthname［0］指向的字符串。为了使月份号与数组元素的下标一致，输出的第 i 个月是 Monthname［i-1］所指向的字符串，如输入的月份号不在 1～12 范围内，则输出“Error，Illegal month！”。

```
Please input the number of month:
8
August
```

图 8-12　例 8-8 程序运行结果

如果用字符串数组进行处理，可以定义一个二维数组 month 来表示：

```
char month[][11] = {"January","February","March","April","
May","June","July","August","Septempber","October","November","
December"};
```

虽然二维数组和一维指针数组都可以处理该问题，但它们之间的存储结构不同。month 是一个 12 行 11 列的二维字符数组，或者说是含有 12 个元素的字符串数组。第一维长度 12 是由初值个数决定的，第二维长度 11 必须明确指出（这里指定为最长的字符串所需要的字节数，即最长的字符串长度 +1）。它说明每一行的存储长度相同。第 i 个字符串的首地址是 month［i］（i=0，1，2，…，11）。

字符串数组 month 与字符指针数组 monthname 的区别如图 8-13 所示，说明如下：

1）用字符串数组表示时，必须明确指出每一字符串的存储长度，均为最长字符串的长度加 1，这里为 11。用字符指针数组表示时每一个字符串的存储长度可以各不相同，说明时没有字符串的长度说明，各字符串的长度由初值字符串中含有的字符个数加 1 确定。因此，字符指针数组比字符

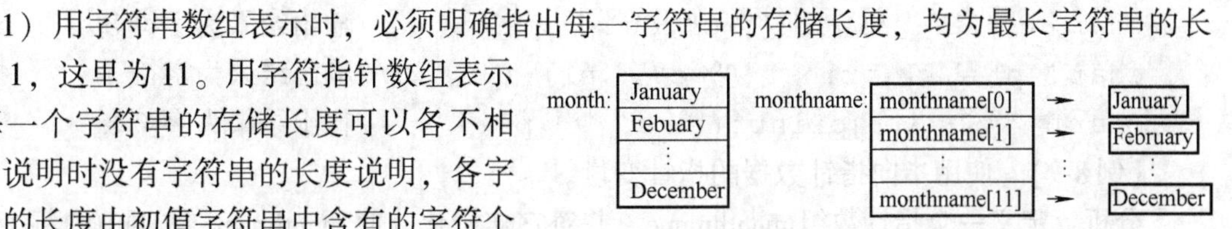

图 8-13　字符串数组与字符指针数组的区别

串数组节省空间。

2）字符串数组表示中，month［i］为一个数组名，值为该字符串的首地址。字符指针数组表示中，指针 monthname［i］是存放字符串首地址的变量，即数组名 month［i］等同于指针数组中 monthname［i］元素的值。

8.2.5 指向指针的指针

指针数组和指针的指针是 C 语言中较为深入的部分，两者之间关系密切。

一个指针变量可以指向一个整型、实型、字符型数据，也可以指向一个指针型数据。这就是所谓指向指针变量的指针变量，简称指针的指针。由于指针数组的每个元素都是指针型的变量，其值为地址。因此，指针的指针经常与指针数组联系在一起。

如图 8-13 所示，monthname 是一个指针数组，它的每个元素是一个指针型的变量，其值为地址。monthname 既然是一个数组，它的每一元素都应有相应的地址。数组名 monthname 代表该指针数组首元素的地址，monthname + i 是 monthname［i］的地址。monthname + i 就是指向指针型数据的指针，也即指针的指针。

说明：

1）单级指针。指针的值就是基本类型变量的地址，这可以称为单级间接寻址，亦即单级指针。

2）多级指针。一个指针中存放的是另一个指针的地址，而另一个指针中存放的又可能是别的指针变量的地址，直到最后一级指针才指向其所指向变量的地址，这种通过多级指针访问变量的方式称为多级间接寻址，亦即多级指针。

3）C 语言中这种多级指针寻址可以延伸到所需要的任何一级，但因为寻址级数过多会使程序跟踪困难，容易造成混乱，所以在实际编程中以二级指针，即指向指针的指针为最简单和最常用的形式。

可以定义多级指针，但是这里以常用的二级指针作为要点介绍其定义形式：

```
数据类型 * * 指针变量名;
```

例如：

```
char * * p;
```

由于“ * ”运算符的结合性遵循从右到左的原则，所以 * * p 相当于 * (* p)，即 char * * p 可以分为两部分：char * 和（ * p)，后面的（ * p）表示 p 是指针变量，前面的 char * 表示 p 指向的是 char * 型的数据，也就是说，p 指向一个字符指针变量（这个字符指针变量指向一个字符型数据）。

可以通过以下方式对二级指针赋值及引用。

```
char ch = 'a';printf("%c",ch);                //输出结果为字符 a
char * p1 = &ch;printf("%c",* p1);            //输出结果为字符 a
char * * p2 = &p1;printf("%c",* * p2);        //输出结果为字符 a
```

【例 8-9】 使用指向指针数据的指针变量。

分析：定义一个指针数组 monthname，并对它初始化，使 monthname 数组中的每个元素分别指向一个字符串。定义一个指向指针型数据的指针变量 p，使 p 先后指向 monthname 数组中各元素，输出这些元素所指向的字符串。

参考程序如下：

```
#include <stdio.h>
void main()
{
    char * monthname[] = {"January","February","March","April","
         May"," June ", " July "," August "," Septempber "," Octo-
         ber","November","December"};
    char * * p;
    int i;
    for(i=0;i<12;i++)
    {
        p=monthname+i;
        printf("%s\n",* p);
    }
}
```

程序运行结果如图8-14所示。

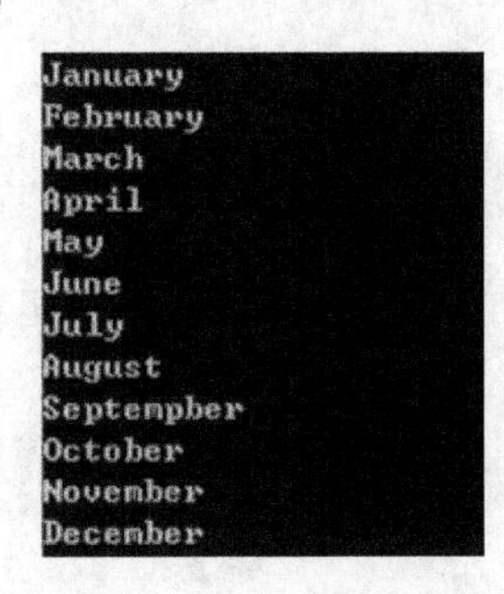

图8-14　例8-9程序运行结果

说明：指针数组的元素也可以不指向字符串，而指向整型数据或实型数据等。

思考

上面程序中的语句 printf ("%s\n", *p);，如果改为 printf ("%c\n", *p);，结果会有什么不同?

8.2.6　指针数组作为main()函数的参数

表示和处理main()函数的参数是指针数组和多级指针的一个重要应用。前面章节所举例子的程序中main()函数都没有参数，实际上，支持C的系统允许main()函数可以有两个参数；也可以处理由main()函数返回的值，一般为正常终止时返回值0，非正常终止返回值1。main()函数的参数习惯上用名字argc和argv表示，前者是一个int类型整数，后者是一个字符指针数组。本节介绍main()函数参数的说明和处理。

有参数的main()函数定义为：

int main（int argc，char ＊argv［］）
{
函数体
}

main（）函数由操作系统调用，它的实参来源于运行可执行C程序时在操作系统环境下键入的命令行，称为命令行参数。可执行的C程序文件的名字是操作系统环境下的一个外部命令（DOS环境）或shell命令（UNIX环境）的名字，命令名是由argv［0］指向的字符串。在命令名之后输入的参数是由空格隔开的若干个字符串，依次由argv［1］、argv［2］……所指示。每个参数字符串的长度可以不同，参数的数目任意。操作系统的命令解释程序将这些字符串的首地址构成一个字符指针数组，并将指针数组元素的个数（包括第0个元素）传给main（）函数的形参argc（argc的值至少为1）；指针数组的首地址传给形参argv，所以argv实际上是一个二级字符指针变量。

【例8-10】 回显命令行参数。

分析：许多操作系统提供了echo命令，它的作用是实现“参数回送”，即将后面的各参数（各字符串）在同一行上输出。

实现程序（文件名为echo. c）如下：

```
#include <stdio.h>
void main(int argc,char * argv[])
{
    int i;
    for(i=1;i<argc;i++)
    {
        printf("%s\c",argv[i],(i<argc-1)?' ':'\n');
    }
}
```

也可以将程序改为以下形式：

```
#include <stdio.h>
void main(int argc,char * * argv)
{
    while (argc>1)
    {
        ++argv;
        printf("%s%c",* argv,(argc>1)? ' ':'\n');
        --argc;
    }
    printf("\n");
}
```

在 Visual C++ 环境下对程序编译和连接后，选择“工程”→“设置”→“调试”命令，在“程序变量”后输入“How are you ?”。

程序运行结果如图 8-15 所示。

```
How are you ?
```

图 8-15　例 8-10 程序运行结果

说明：

1）命令行参数的个数（含命令名称 echo）argc 的值为5。其中，argv［0］指向“echo”，argv［1］指向“How”，…，argv［4］指向“?”。

2）假定经编译、连接后生成的可执行文件的名字为 echo. exe（DOS 环境）或 echo（UNIX 环境），在操作系统环境下输入下面的命令行并按回车。

```
echo How are you ?
```

则输出：

```
How are you ?
```

8.3　指针与函数

C 语言程序的基本单位是函数，函数经过编译后，其目标代码在内存中是连续存放的，该代码的首地址即为函数的入口地址。函数名本身代表该函数的入口地址，如果使用变量来描述，称其为函数的指针，它的值等于函数的入口地址，通过此指针变量可以实现对该函数的调用。这是调用函数的又一方法。在需要大量调用子函数时，可以通过指向函数的指针来快速调用。

8.3.1　指向函数的指针

1. 指向函数的指针的定义与引用

指向函数的指针变量（通常简称函数指针变量）定义形式如下：

```
数据类型(* 指针变量名)(形参表);
```

例如：

```
int (* p)(int,int);
```

其中的 p 被定义为指向一个返回值是整型的且带两个整型参数的一类函数。

说明：

1）数据类型可以是基本类型或所定义的其他类型，其值根据该函数指针所需要指向的函数的返回值的类型来确定。该指针变量只能指向在定义时指定的类型的函数。

2）定义中第一对圆括号是必需的，如果去掉，就成为 int ＊p（int，int），此时 p 是一个返回值为整型指针的函数，这完全是另外一种情况了（具体参见 8. 3. 2 返回指针的函数）。

3）指向函数的指针变量不能进行算术运算、关系运算。

4）让一个指向函数的指针变量指向某一函数时，只需将函数的函数名赋值给该指针变量，而不要带上相应的函数参数，也不需要带括号。例如：

```
int max(int m,int n);
int min(int a,int b);
int (* )p(int,int);
p =max;
```

通过 int（*）p（int，int）；语句定义了函数指针 p，该指针可以指向带有两个整型参数且返回值为 int 型的一类函数，如 p 指针可以指向 max 函数也可以指向 min 函数；通过 p = max；语句赋值后，即将 max 函数的入口地址赋给了 p，就确定地使 p 指针指向了 max 函数。

5）使用函数指针调用该函数。例如：

```
t =(* p)(10,20);
```

其表示调用 p 指针当前所指向的函数 max，其效果与 t = max（10，20）相同。

6）用函数名调用函数，只能调用所指定的一个函数，而通过指针变量调用函数比较灵活，可以根据不同情况，先后调用不同的函数。

【例 8-11】 输入任意一串英文字符，其最多 100 个字符，请统计其中字符 x 出现的次数及字符串中字符的总个数。

分析：

1）在主函数中定义一个指向函数的指针变量 func，通过给 func 赋值为 countx 来将函数 countx 的入口地址赋给指针变量，因此，通过调用函数（*func）（str）来达到调用 countx（str）的效果。

2）通过给 func 赋值为 countall 来将函数 countall 的入口地址赋给指针变量，从而达到调用 countall 的目的。

参考程序如下：

```
#include <stdio.h >
int countx(char * s)                          //统计字符串中 x 的个数
{
    int number =0;
    while (* s! ='\0')
    {
        if (* s = ='x')
            number ++;
            s ++;
    }
    return (number);
}
int countall(char * s)                        //统计字符串中所有字符的总个数
{
    int number =0;
    while (* s! ='\0')
```

```
    {
        number++;
        s++;
    }
    return (number);
}
void main()
{
    char str[101];
    int (* func)(char * );              //定义指向函数的指针变量 func
    scanf("%s",str);
    func=countx;                        //将函数的地址赋给 func
    printf("x 的个数为:%d\n",(* func)(str));
    func=countall;                      //将函数的地址赋给 func
    printf("所有字符个数为:%d\n",(* func)(str));
}
```

程序运行结果如图 8-16 所示。

图 8-16　例 8-11 程序运行结果

2. 指向函数的指针变量作为函数参数

指向函数的指针变量作为参数传递到其他函数，是函数指针的重要用途。被调用函数可以通过函数的指针来调用完成不同功能的具体函数。

【例 8-12】 输入两个数 a、b，按输入的字符串来决定对它们的操作：当字符串开始两个字符为“-s”时，用函数 max（a，b）找出两数中的最大值，否则调用函数 sum（a，b）求两个数的和，最后输出结果。

分析：输入两个数及小于 5 个字符的一个字符串。局部变量 flag 起一个标志作用，初值为 0，当输入的字符串的前两个字符为“-s”时，则置 flag 的值为 1。定义一个函数指针 process，当 flag 的值为 1 时，指针指向 max 函数，否则指针指向 sum 函数，从而实现调用不同函数的目的。

参考程序如下：

```
#include <stdio.h>
#include <string.h>
int max(int x,int y)
{
    return (x>y? x:y);
}
```

```
    int sum(int x,int y)
{
    return (x+y);
}
int caller(int x,int y,int (* process)(int,int))
{
    return ((* process)(x,y));
}
void main()
{
    int a,b,result;
    int flag=0;
    char c[5],* p=c;
    printf("请输入一个小于5个字符的字符串:\n");
    gets(c);
    if (* p=='-' &&* (p+1)=='s')
        flag=1;
    printf("请输入a,b的值:");
    scanf("%d%d",&a,&b);
    result=caller(a,b,(flag? max:sum));
    printf("结果为%d\n",result);
}
```

程序运行结果如图8-17和图8-18所示。

图8-17　例8-12程序运行结果1

图8-18　例8-12程序运行结果2

8.3.2　返回指针的函数

一个函数可以返回一个int型、float型、char型的数据，也可以返回一个指针类型的数据。返回指针值的函数简称为指针函数，正如返回整型的函数简称为整型函数一样。指针函数的定义格式如下：

```
数据类型 * 函数名(形参表)
{
函数体
}
```

例如：

```
int * f(int x,int y)
{...}
```

说明：

1）在函数名的两侧分别是函数运算符“( )”和指针运算符“ * ”，但由于“( )”的优先级高于“ * ”，因此函数名先与“( )”结合成一个函数，再与“ * ”结合成返回指针值的函数，即返回的是一个地址值。

2）用法上，返回指针值与其他类型返回值一样。要注意的是，在 return 语句中，返回的必须为一个地址值，而且类型必须与定义的返回值类型一致。

注意：不能将指针函数说明符 * f（int，int）写成函数指针说明符（ * f）（int，int）。

【例 8-13】 输入长度不超过 50 的一行字符串及长度不超过 10 的一个子字符串，在输入行中查找子字符串的第一次出现的位置，若找到，则显示子字符串在行中首次出现的位置，否则输出未找到的信息。

分析：写一个指针函数 substr（s，s1），在字符串 s 中查找一个子串 s1，如果找到，返回 s1 在 s 中首次出现的起始地址，否则返回。

参考程序如下：

```
#include <stdio.h>
#define LEN 50
#define SUBLEN 10
char * substr(char * s,char * s1)
{
    char * ps=s,* ps1,* p;
    while(* ps! ='\0')
    {
        for(ps1=s1,p=ps;* ps1! ='\0' &&* ps1==* p;ps1++,p
        ++);                                  //查找子字符串
        if(* ps1=='\0') return(ps); //找到,返回起始地址
        ps++;
    }
    return ('\0');
}

void main()
{
    char s[LEN],s1[SUBLEN],* ps;
    printf("请输入一行正文及子字符串\n");
    gets(s);gets(s1);
    ps=substr(s,s1);
    if(ps! =NULL)
```

```
        printf("%s 在%s 中第一次出现的位置为:%d\n",s1,s,ps-s+1);
    else
        printf("%s 不在%s 中。\n",s1,s);
}
```

程序运行结果如图 8-19 和图 8-20 所示。

```
请输入一行正文及子字符串
asdfghjkl
dfg
dfg在asdfghjkl中第一次出现的位置为: 3
```

图 8-19　例 8-13 程序运行结果 1

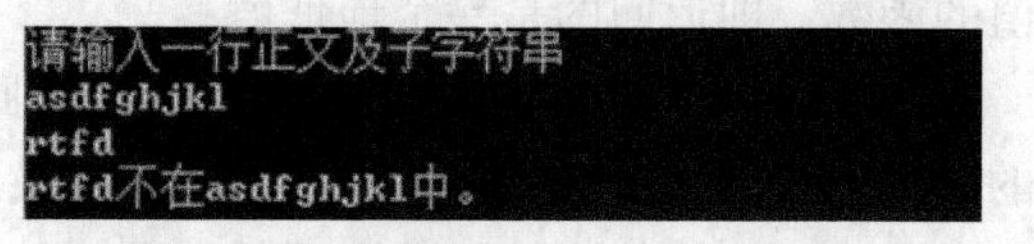

图 8-20　例 8-13 程序运行结果 2

8.4　知识点强化与应用

【例 8-14】　从键盘输入 3 个整数，输出其中的最大值和最小值，要求用指针变量编写程序。

分析：输入 3 个数分别存入 x、y 和 z 中，定义两个指针变量，分别存放最大数及最小数的地址。

参考程序如下：

```
#include <stdio.h>
void main()
{
    int x,y,z;
    int * max,* min;
    printf("请输入三个数(x,y,z):");
    scanf("%d%d%d",&x,&y,&z);
    max = &x;
    min = &x;
    if(* max < y) max = &y;
    if(* max < z) max = &z;          //判断出最大值的地址
    if(* min > y) min = &y;
    if(* min > z) min = &z;          //判断出最小值的地址
    printf("三个数中的最大值及最小值分别为:%d,%d\n",* max,* min);
}
```

若按照如图 8-21 所示输入 3 个数后，得到所示的运行结果。

```
请输入三个数 (x,y,z) : 56 3 45
三个数中的最大值及最小值分别为: 56,3
```

图 8-21　例 8-14 程序运行结果

注意：指针的定义和指针的引用中“*”不同的含义。

通过本例，熟悉指针的定义和指针的简单使用，进一步熟悉指针运算符“*”和取地址符“&”的应用。

思考

若需要求将3个数从大到小输出，该如何实现？

【例8-15】 输入一个字符串，将其中的数字、字母、其他字符按顺序分别存入3个字符串中，编写此程序要求用字符数组和指针的方法来实现。

分析：定义4个长度为100的字符数组分别存放原始字符串、数字字符串、字母字符串及其他字符串。

参考程序如下：

```
#include <stdio.h>
void group(char * pstr,char * pletters,char * pdigits,char * poth-
ers )
{
    while(* pstr)
    {
        if((* pstr >='A' &&* pstr <='Z') ||(* pstr >='a' &&*
        pstr <='z'))
            * (pletters++) =* pstr;
        else if(* pstr >='0' &&* pstr <='9')
            * (pdigits++) =* pstr;
        else
        * (pothers++) =* pstr;
        pstr++;
    }
    * pletters ='\0';* pdigits ='\0';* pothers ='\0';
}
void main()
{
    char str[100],letters[100],digits[100],others[100];
    printf("请输入字符串:\n");
    gets(str);
    group(str,letters,digits,others);
    printf("该字符串可分为,字母串:\n%s\n 数字串:\n%s\n 其他字符串:\n%
    s。\n",letters,digits,others);
}
```

若按照如图8-22所示输入字符串后，将得到所示的运行结果。

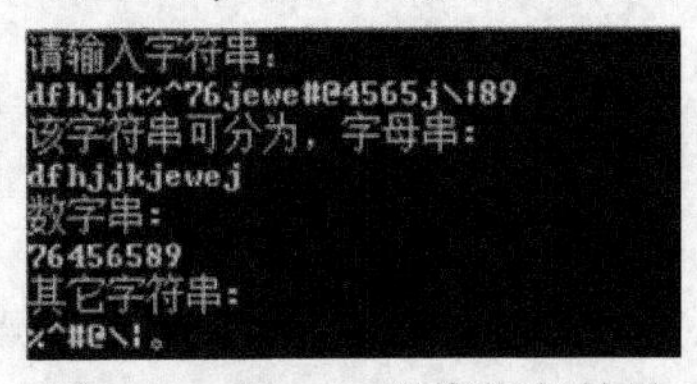

图8-22　例8-15程序运行结果

思考

函数 group () 中最后有语句：* pletters = '\0'; * pdigits = '\0'; * pothers = '\0';，请去掉该语句后执行程序，分析程序运行结果。

【例 8-16】 有一个班，有 4 个学生，每个学生有 3 门功课的成绩，请计算总平均分，并输出所输入序号的学生的各门功课的成绩。

分析：定义 4 行 3 列的学生成绩数组 score。在 main () 中，先调用 average () 函数以求总平均值。在函数 average () 中形参 p 被声明为 float * 类型的指针变量，p 每加 1 就改为指向 score 数组的下一个元素。函数 search () 中的形参 p 为一个行指针 (*p) [3]，即 p 指向包含 3 个元素的一维数组。

参考程序如下：

```
#include <stdio.h>
float average(float * p,int n)          //定义计算成绩平均值函数
{
    float * q;
    float sum =0.0,aver;
    q=p+n-1;                            //q 指向最后一个元素
    while(p<=q)
    {
        sum+=(* p);
        p++;
    }
    aver=sum/n;
    return aver;
}
void search(float (* p)[3],int m)   //p 是指向具有 3 个元素的一维数组的
指针
{
    int i;
    printf("第%d 个学生各门功课的分数为:\n",m);
    for(i=0;i<3;i++)
    {
        printf("%5.1f  ",* (* (p+m)+i));
    }
    printf("\n");
}
void main()
{
    int m;
    float score[4][3]={{90,80,79.5},{78,89,76},{98.5,99,78},
    {56,78,98.5}};
```

```
    float aver = average(* score,4* 3);
    printf("所有学生平均成绩为:%5.1f\n",aver);
    printf("请输入要输出学生成绩的序号(0 -3):\n");
    scanf("%d",&m);
    search(score,m);
}
```

程序运行结果如图 8-23 所示。

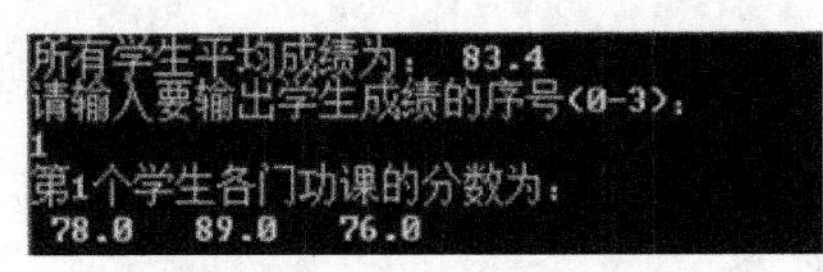

图 8-23 例 8-16 程序运行结果

思考

函数 float average(float *p,int n)中的 p 可以定义为行指针吗?如能,如何修改程序?

【例 8-17】 使用指针数组引用二维数组。

分析:定义 3 行 4 列的数组 a 和一个指针数组 p [3],使指针 p 指向 a。该程序中 p 是一个一维指针数组名,它有 3 个元素,每个元素是指向 int 型的指针。通过 for 循环给 p 数组赋值后来对数组 a 进行引用。

参考程序如下:

```
#include <stdio.h>
void main()
{
    int a[3][4] = {{1,2,3,4},{5,6,7,8},{9,10,11,12}};
    int * p[3];                //定义一个指针数组
    int i;
    for(i =0;i <3;i ++)
        p[i] =a[i];            //给指针数组赋值
    printf("%5d,%5d\n",p[1][1],* (p[1] +2));
}
```

程序运行结果如图 8-24 所示。

6, 7

图 8-24 例 8-17 程序运行结果

思考

若需输出 10 和 11,该如何实现?

【例 8-18】 求定积分:

$$y = \int_a^b f(x)dx$$

其中 f(x)可以为 sinx、cosx、e^x、$\sqrt{x}$、x^2或x^3。

分析：

1）需要使用指向函数的指针变量，以便使指针指向不同的函数，从而对不同的函数求积分。

2）编写一个求积分的函数 integral（）。

求定积分的数学方法用梯形法，具体公式如下：

$$s=\frac{f(a)+f(a+h)}{2}h+\frac{f(a+h)+f(a+2h)}{2}h+\cdots+\frac{f[a+(n-1)h]+f(b)}{2}h$$

$$=\frac{h}{2}\{f(a)+2f(a+h)+2f(a+2h)+\cdots+f[a+(n-1)h]+f(b)\}$$

$$=h\{\frac{f(a)+f(b)}{2}+f(a+h)+f(a+2h)+\cdots+f[a+(n-1)h]\}$$

3）编写或使用具体的计算函数来实现。本例只需要实现两个函数x^2和x^3，其他函数使用C语言系统中的库函数实现。

4）根据输入，将要求实现的函数作为实参函数代入 integral（）求得积分值。

参考程序如下：

```
#include <stdio.h>
#include <math.h>
#include <string.h>
#define H 0.01                                        //设置梯形的步长增量
double x2(double x)                                   //定义一个平方函数
{
    return(x* x);
}
double x3(double x)                                   //定义一个立方函数
{
    return(x* x* x);
}
double integral(double (* fun)(double),double a,double b)
                                                      //定义一个求积分的函数
//每次调用,* fun 都可能指向不同的函数,会对不同的函数求积分
{
    int n,i;
    double s,h,y;
    s=((* fun)(a)+(* fun)(b));
    h=H;
    n=(int)(b-a)/h;
    for(i=1;i<n;i++)
         s=s+(* fun)(a+i* h);
    y=s* h;
    return (y);
```

```
}
char * fn[] = {"sin","cos","exp","sqrt","x2","x3",NULL};
                                            //定义一个指向函数的指针数组
int getid(char * str)                       //取得该字符串在 fn 指针数组中的
                                              位置
{
    int id = 0;
    while(fn[id]! = NULL)                   //依次取出 fn 中的字符串与 str
                                              比较,看是否为其中所求的函数
    {
        if(strcmp(fn[id],str) = =0)         //找到
            return (id);
        id++;
    }
    return ( -1);                           //没找到
}
void main()
{
    int id;
    double y,a,b;
    char functionname[10];
    double(* fun)(double);
    double (* f[])(double) = {sin,cos,exp,sqrt,x2,x3,NULL};
                                            //定义一个指向函数的指针数组
   printf("请输入定积分的 f(x),上限,下限(其中 f(x)可以为 sin,cos,exp,
sqrt, \n x2(即 x 平方),x3(即 x 的立方): \n");
   scanf("%s%lf%lf",functionname,&a,&b);
   id = getid(functionname);             //调用 getid 函数,取得输入的字符串
                                           在 fn 指针数组中的位置
   if(id! = -1) fun = f[id];
   else
   {
       printf("输入函数出错! \n");
       return;
   }
    y = integral(fun,a,b);
    printf("函数的积分值为:%.2f \n",y);
}
```

若按照如图 8-25 和图 8-26 所示输入数据后，将得到所示的运行结果。

```
请输入定积分的f(x),上限,下限(其中f(x)可以为sin,cos,exp,sqrt,
 x2(即x平方), x3(即x的立方):
 x3 0 2
函数的积分值为: 4.04
```

图 8-25　例 8-18 程序运行结果 1

```
请输入定积分的f(x),上限,下限(其中f(x)可以为sin,cos,exp,sqrt,
 x2(即x平方), x3(即x的立方):
exp 0 1
函数的积分值为: 1.74
```

图 8-26　例 8-18 程序运行结果 2

提示

用指向函数的指针作为函数参数，可以增加函数使用的灵活性。这是 C 语言应用中比较深入的部分，可在学习和使用中加深理解。

思考

定义一个指向函数的指针数组 double (* f [ ]) (double) = {sin, cos, exp, sqrt, x2, x3, NULL};，如果更改顺序，变为 double (* f [ ]) (double) = {sin, cos, exp, sqrt, x3, x2, NULL};，程序运行结果如何？分析程序结果。

8.5　小结

本章介绍了指针的基本概念和初步应用。指针是 C 语言中很重要的概念，是 C 语言的一个重要特色。使用指针的优点：①提高程序效率；②在调用函数时，当指针指向的变量的值改变时，这些值能够为主调函数使用，即可以从函数调用得到多个可改变的值；③可以实现动态存储分配。

指针的使用实在太灵活了，对熟练的程序人员来说，可以利用它编写出颇有特色、质量优良的程序，实现许多用其他高级语言难以实现的功能。但使用指针也十分容易出错，而且这种错误往往比较隐蔽。因此，使用指针要小心谨慎，要多上机调试程序，以弄清一些细节，并积累经验。

1. 指针的含义

1）指针就是地址。凡是出现“指针”的地方，都可以用“地址”代替。变量的指针就是变量的地址。

2）指针变量就是取值为地址的变量。所以指针与指针变量是不同的概念。

2. 指向的含义

对于指针变量来说，把谁的地址存放在指针变量中，就是此指针变量指向谁。但并不是任何类型数据的地址都可以存放在同一个指针变量中，只有与其类型相同的数据的地址才能存放在相应的指针变量中。因此，在进行赋值时，一定要先确定赋值号两侧的类型是否相同，是否允许赋值。例如：

```
int a,* p;          //p 是 int * 型的指针变量,其类型是 int 型
double b;
p =&a;              //a 是 int 型,合法
p =&b;              //b 是 double 型,类型不匹配,出错
```

3. 对数组的操作中正确地使用指针

一维数组名代表数组首元素的地址。例如：

```
int * p,c[5];
p=c;
```

p是指向int类型的指针变量，显然，p指向的是数组中的首元素（int型变量）c［0］，而不是指向整个数组，但经常会简称p指向数组c。同理，p指向字符串，也应理解为p指向字符串中的首字符。

4. 指针变量的类型及含义

```
int * p;          //定义p为指向整型数据的指针变量
int a[10];        //定义整型数组a,它有5个元素
int * p[5];       //定义指针数组,它由5个指向整型数组的指针元素组成,定义了
                    5个指针变量
int (* p)[4];     //定义指向包含4个元素的一维数组的指针变量,只定义了一个
                    指针
int f();          //f为返回整型值的函数
int * p();        //p为返回一个整型指针的函数
int (* p)();      //p为指向函数的指针,该函数返回一个整型值
int * * p;        //p是一个指针变量,它指向一个指向整型数据的指针变量
```

【案例分析与实现】

从键盘输入一个班级中所有学生的某门课程的成绩，然后统计并按格式输出最高分、最低分、平均分，并输出优秀人数、良好人数、及格人数、不及格人数以及各分数段所占比例。

分析：

1）学生成绩的输入。可以将学生成绩放入一个固定大小的数组，可以考虑为100（因为一般一个班级的人数不会超过100，但有时这个假设不成立）；也可以通过动态分配内存的方式（要求先输入班级人数）来实现（后面章节会讲到）。这两种方法各有优缺点。本例中假设学生人数最多为100。因为学生人数不确定，分数以输入“-1”作为输入结束（因为成绩不可能为负数）。

2）由于程序中要求完成统计最高分、最低分、平均分以及各分数段的人数及所占比例，要实现的功能较多，可以通过模块化的方法编写多个函数来实现相应的功能，这样可以降低编程的难度，也可以提高程序的可读性和编程的效率。这里需要用到指针参数来返回多个值。

3）考虑输出格式，使程序有一个合理美观的输出界面，这样会提高程序的价值。

4）因为学生的成绩有小数，所以定义为float类型。注意判断float类型的值与数值-1是否相等的处理方法。

参考程序如下：

```
#include <stdio.h>
#include <math.h>
#define SEOF -1                //学生人数不固定,输入-1则表示输入结束
void maxandmin(float * score,float * max,float * min)
```

```
                                        //求出数组 score 中的最高分和最低分
//* score 为用来存放学生成绩的数组
{
     * max = -1;                        //设置初值,之后马上会被重赋
     * min =200;
     while(fabs(* score - SEOF) >1e -5)
     {
         if(* max <* score) * max =* score;
         if(* min >* score) * min =* score;
         score ++;
     }
     return;
}
void sgradenum(float * score,int * sbestnum,int * sbetternum,int
* spassnum,int * sfailnum)
//统计各分数段学生人数
{
     while(fabs(* score - SEOF) >1e -5)
     {
         switch((int)(* score/10))
         {
             case 10:
             case 9:
                 (* sbestnum)++;break;
             case 8:
                 (* sbetternum)++;break;
             case 7:
             case 6:
                 (* spassnum)++;break;
             default:
                 (* sfailnum)++;
         }
         score ++;

     }
     return;
}
float stusum(float * score)          //求学生成绩之和
   {
```

```
  float sum=0.0;
  do
  {
          sum+=* score;
             score++;
     }while(fabs(* score-SEOF)>1e-5);
     return(sum);
}
void main()
{
     float scores[100]={SEOF};          //初始化数组
     float smax,smin,ssum;              //学生成绩的最高分、最低分、总分
     int stotalnum;                     //学生总人数
     int sbestnum=0,sbetternum=0,spassnum=0,sfailnum=0;
                                        //各分数段人数清0
     int i=0;
     printf("请输入学生成绩,输入-1结束:\n");
     do
     {
        scanf("%f",&scores[i]);
     }while(fabs(scores[i++]-SEOF)>1e-5);
     stotalnum=i-1;                     //i-1的值即为总人数
     maxandmin(scores,&smax,&smin);
     ssum=stusum(scores);
     sgradenum(scores,&sbestnum,&sbetternum,&spassnum,&sfailnum);
     printf("\n最高分\t最低分\t平均分");
     printf("\n%5.1f\t%5.1f\t%5.1f",smax,smin,ssum/stotal-
     num);
     printf("\n优秀人数([100-90])良好人数((90-80])及格人数((80-
     60])不及格人数(<60)");
     printf("\n\t%d\t\t%d\t\t%d\t\t%d",sbestnum,sbetternum,
     spassnum,sfailnum);
     printf("\n优秀率\t\t良好率\t\t及格率\t\t不及格率");
     printf("\n%6.2f%%\t\t%6.2f%%\t\t%6.2f%%\t\t%6.2f%%\
     n",sbestnum* 100.0/stotalnum,sbetternum* 100.0/stotalnum,
     spassnum* 100.0/stotalnum,sfailnum* 100.0/stotalnum);
}
```

若按照如图8-27所示输入学生成绩数据后，将得到所示的运行结果。

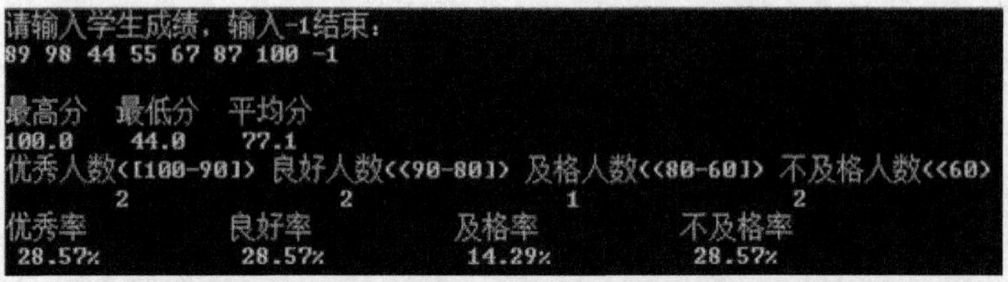

```
请输入学生成绩，输入-1结束：
89 98 44 55 67 87 100 -1

最高分  最低分  平均分
100.0    44.0    77.1
优秀人数([100-90]) 良好人数((90-80]) 及格人数((80-60]) 不及格人数(<60)
        2                  2                  1                  2
优秀率              良好率              及格率              不及格率
 28.57%             28.57%             14.29%             28.57%
```

图 8-27　案例分析与实现程序运行结果

思考

1）输出优秀率时，表达式 sbestnum * 100.0/stotalnum 如果改为 sbestnum/stotalnum * 100.0，结果如何？

2）程序中循环语句 while（fabs（* score - SEOF）>1e -5）{} 中的条件如果改为 while（（* score - SEOF）= =0）{}，结果如何？

3）请将程序中的 switch 语句改用 if-else 嵌套实现。

习　题

1. 试用指针编写一个程序，能将输入的字符串中的“ * ”号删除。

2. 使用最少的辅助存储单元，将 n 个 int 型元素的数组 a 中的 n 个数颠倒顺序，仍然存放在原来的数组中。

3. 用指针完成，输入 10 个整数，将其中最小的数与第一个数对换，最大的数与最后一个数对换。

4. 用指针变量作为形参，完成子函数，将一个 10 个整数的数组中的平均值填入到数组中第一个元素并返回。

5. 编写程序，将字符串中的第 m 个字符开始的全部字符复制成另一个字符串。要求在主函数中输入字符串及 m 的值并输出复制结果，在被调用函数中完成复制。

6. 编写一个程序，判定字母、数字及其他字符分别在一个字符串中出现的次数，如果不出现则返回 0。

7. 用指针作为函数参数，将两个字符串 str1 和 str2 连接起来。

8. 有一个班，4 个学生，3 门功课，查找有一门及以上课程不及格的学生，输出他们的全部课程的成绩。

9. 输入两个数 a、b，按输入的字符是 1、2 或 3 来决定对它们的操作：当输入 1 时，程序输出 a 和 b 两数中的最大值；当输入 2 时，程序输出两个数的最小值；当输入 3 时，则输出两个数的和。

第9章 结构体、共用体与枚举

学习要点

1. 结构体类型、结构体变量、结构体数组
2. 共用体与枚举类型
3. 自定义数据类型

导入案例

案例：记录数据的存储及处理

在学生信息管理系统中，需要一种类型变量正好可以将定义的单个存放学生的信息封装起来，并用来存放8个同学的信息，完成录入后，将信息输出。学生的个人信息包括学号、姓名、性别、各门课程成绩等，显然这些数据项的类型是不一样的。通过前几章的学习，可以知道数组能够存储多个数据项，但只能存储一样类型的数据。那么，能否有一种数据类型可以将一组类型不同的相关数据封装在一个变量中呢？此问题正是本章要解决的问题。

分析：如何用计算机程序对上述数据进行管理呢？根据前几章的知识，显然可以使用数组来管理。为了能实现对导入案例中学生信息的管理，需要设计多个数组。可是，这样会使学生信息显得结构零散，不容易管理。能不能有一种数据类型，可将不同数据放到一张“纸”上，以表格形式出现，也就是将每个学生的不同类型的数据集中存放在一段内存内。这种结构的优点：结构紧凑，易于管理；每个局部的数据相关性强，查找方便；赋值时只针对某个具体的学生，即使出现手动输入错误，也不会影响他人的数据。

C语言为此提供了用户自定义类型（User-Defined Data Type），用户可以根据具体问题的需要，设计符合自己要求的数据类型。结构体、共用体与枚举类型就是三种用户自定义的数据类型。而这里使用结构体数据类型就可以解答上述问题。

本章主要介绍结构体、共用体与枚举类型的定义、引用及应用。

9.1 结构体

已知数组包含多个数据项，同时这些数据项必须是相同类型。如果想用一个变量表示一个对象的许多信息，如一个产品的编号、价格和名称，某个学生的学号、姓名及成绩等，数组就不适用了，因为这些信息的类型不同。基于此，C语言提供了一种叫作结构体（Structure）的数据类型，能够以一种方便而整齐的方式把一组类型不同的相关数据封装在一个变量里，这样就可以清晰地表达数据之间的关系，提高程序的可读性。结构体类型在实际应用中经常用到。

前面介绍的数组和本章的结构体都是结构类型，都是由多个数据项组成的，但是二者有明显差别。首先，一个数组的元素必须具有相同的类型，而结构体的成员可以有不同类型；然后，数据类型是C语言提供的，而结构体类型需要程序员自己定义；最后，特别有趣的是，数据的元素不能整体赋值，而结构体可以整体赋值，也可以在两个函数之间传递结构体变量的指针，或者传递结构体变量的地址。

9.1.1 结构体类型的定义

用计算机解决实际问题时，常需要使用多个数据描述同一个对象。例如，在学生成绩管理系统中，一个学生的信息通常包括学号、姓名、性别、数学成绩、英语成绩、C语言成绩等多个数据。虽然可以定义一个长整型变量来存储学号，定义一个字符型数组变量来存储姓名，定义一个字符型变量来存储性别，定义4个整型变量来存储数学、英语、C语言成绩和总成绩，但是，一个学生的信息分散在几个变量中，处理起来非常不方便。因此可以先定义一种称为结构体类型的数据类型，使得分散的多个变量组成一个整体，然后用新定义的结构体类型定义变量，最后用该结构体类型变量表示学生的信息，使得一个学生的信息保存在一个变量中。

C语言中用关键字struct定义结构体类型，一般形式为：

```
struct  结构体类型名
{
    类型1  成员名1;
    类型2  成员名2;
    …
    类型n  成员名n;
};
```

其中，结构体类型名为标识符。

注意：新结构体类型的名称为“struct 结构体类型名”；一定不要忘记语句的结束标志分号“;”。

例如：

```
struct student
{
     char name[20];
     long stu_id;
     char sex;
     int score_math;
     int score_Eng;
     int score_C_lang;
     int sum;
};
```

上述定义了一个结构体类型struct student，这意味着告知编译系统，设计了一个用户自定义数据类型，编译系统将struct student作为一个新的数据类型进行理解，但是并不为

struct student 分配内存，就像编译系统并不为 int 类型分配内存一样，应用数据类型编程必须定义该数据类型的变量，结构体类型也是同样的道理。

9.1.2 结构体变量的定义

C 语言规定了以下三种定义结构体变量的方法。

1. 先定义结构体类型，再定义结构体变量

9.1.1 节已经定义了一个名为 struct student 的结构体类型，像用其他基本的数据类型定义变量一样，也可以用 struct student 来定义结构体类型的变量。例如，语句 struct student stud1，stud2；就定义了两个 struct student 结构体类型的变量 stud1 和 stud2。一旦定义了结构体类型的变量 stud1 和 stud2，这两个变量就具有了 struct student 类型的结构。struct student 代表学生成绩管理表的结构，stud1 和 stud2 是 struct student 类型的变量，代表管理表中两个学生的信息，相当于 struct student 类型的实例化和具体化。

2. 在定义结构体类型的同时定义结构体变量

例如：

```
struct student
{
    char name[20];
    long stu_id;
    …
    int sum;
}stud1,stud2;
```

这种方法的作用与第一种方法相同，只不过是在定义结构体的同时定义了两个 struct student 类型的变量 stud1、stud2。其一般形式为：

```
struct  结构体类型名
{
   类型 1   成员名 1;
   类型 2   成员名 2;
   …
   类型 n   成员名 n;
}变量名列表;
```

3. 直接定义结构体变量

不出现结构体类型名，在定义结构体类型的同时定义结构体变量，其一般形式为：

```
struct
{
   类型 1   成员名 1;
   类型 2   成员名 2;
   …
   类型 n   成员名 n;
}变量名列表;
```

例如，下面语句定义了结构体变量 birthday，成员包括 year、month、day。

```
struct
{
        int year;
        int month;
        int day;
}birthday;
```

9.1.3 结构体变量的初始化

和 C 语言中其他变量一样，在定义结构体变量时可以进行初始化操作，一般形式为（[ ] 中的内容表示可省略）：

```
struct [结构体类型名]
{
    类型1  成员名1;
    类型2  成员名2;
    …
    类型n  成员名n;
}结构体变量={初始数据};
```

例如，在定义 struct student 型的变量 stud1 时可以对其初始化：

```
struct student
{
    char name[20];
    long stu_id;
    char sex;
    int sum;
}stud1={"张明",2014001,'m',265};       //定义了结构体变量 stud1 并初始化
```

定义结构体变量 stud1 但没有初始化时，编译器会给每个成员一个默认值，初始化后就赋予初始化时的赋值，如图 9-1 所示。

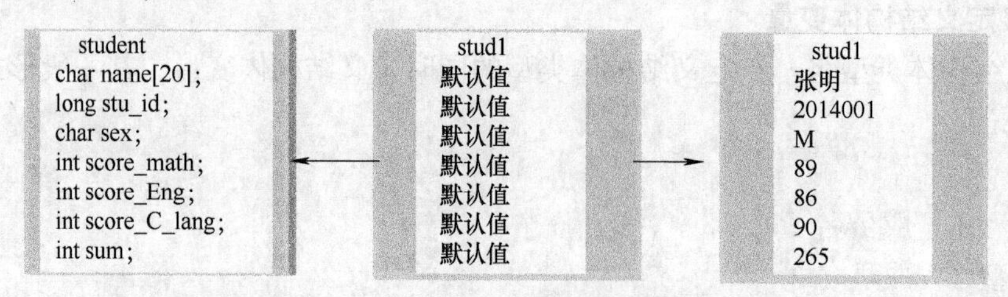

图 9-1 结构体变量及其初始化

注意：对结构体变量进行初始化时，必须按照每个成员的顺序和类型一一对应地赋值，少赋值、多赋值以及类型不符都可能引起编程错误。

9.1.4 结构体变量的引用

在定义了结构体变量后，就可以引用这个变量了。所谓引用结构体变量就是使用结构体变量或结构体变量的成员进行运算或者其他操作。

在C语言中，“.”也是一个运算符，叫作成员运算符，一般和结构体或共用体变量名称一起使用，用来指定结构体或共用体变量的成员。例如，stud1. name;，“.”用来指明结构体变量 stud1 的成员 name。

C语言允许引用结构体变量的成员完成某种操作。其一般形式为：

结构体变量名.成员名

例如，对于上面定义的结构体变量 stud1，可按以下方式引用其成员：

```
stud1.sex,stud1.sum;            //应用结构体变量
stud1.sum +2;                   //对结构体进行计算
printf("%d\n",stud1.sum);      //输出结构体成员的值
```

也可以对定义了的结构体变量的成员赋值：

```
stud1.score_Eng =78;
strcpy(stud1.name,"张明");
```

C语言允许在两个相同类型的结构体变量之间进行整体赋值。例如，将 stud1 的值赋给与其类型相同的变量 stud2：

```
stud2 =stud1;
```

在引用结构体变量时，需注意以下4点。

1）必须先定义结构体变量，才能对其进行引用。

当开发大型程序时，引用未定义的结构体变量而引起的错误可能会时常出现，不过，幸运的是，编译器会发现此错误，程序将无法编译通过。但是，养成良好的编程习惯还是必须的，毕竟调试错误程序也是一件很麻烦的事情。

2）结构体变量成员可以像普通变量一样参与各种运算或其他操作。例如：

```
stu2.sum++;                               //对结构体成员变量进行自增运算
stud2.sex ='f';                           //对结构体成员变量进行赋值操作
stud1.score_math > stud2.score_math;      /比较两个结构体成员变量
```

3）可以引用结构体变量地址，也可以引用结构体变量成员的地址。例如，下面都是合法的语句。

```
//以十六进制数的形式输出结构体变量 stud1 的地址
printf("%x",&stud1);
//以十六进制数的形式输出结构体变量 stud1 成员 sum 的地址
printf("%x",&stud1.sum);
//从键盘输入字符给 stud2 变量的成员 sex 赋值
scanf("%c",&stud1.sex);
```

4）不能对结构体变量整体进行诸如输入/输出的操作。例如，下面的语句是非法的。

```
scantf("%s%l%c%d%d%d%d",&stud1);
```

9.1.5 结构体数组

一个结构体变量中可以存放一组数据（如一个学生的学号、姓名、成绩等数据）。如果有10个学生的数据需要参加运算，显然应该用数组，这就是结构体数组。结构体数组与以前介绍过的数值型数组不同之处在于每个数组元素都是一个结构体类型的数据，它们分别包括各个成员（分量）项。例如：

```
struct student
{
    char name[20];
    long stu_id;
    char sex;
    …
    int sum;
}stud[5];
```

定义了一个结构体数组 stud [5]，共有5个元素，即 stud [0] ~stud [4]。每个数组元素都具有 struct student 的结构形式，对结构体数组可以进行初始化赋值。例如：

```
#include <stdio.h>
struct student
{
    char name[20];
    long stu_id;
    char sex;
    int sum;
}stud[5]={{"huangtian",2014001,'m',264},{"liuquanfang",
2014020,'f',220},{"lileifeng",2014010,'f',212},{"zhangyun",
2014008,'f',257},{"chengfei",2014025,'m',226}};
```

当对全部元素进行初始化赋值时，也可不给出数组长度。

下面的程序说明了结构体数组的定义和引用。

```
#include <stdio.h>
#include <string.h>
#include <stdlib.h>
struct person
{
    char name[15];
    int count;
```

```
}leader[3]={{"Hu",0},{"Zheng",0},{"Tian",0}};
void main()
{
    int i,j;
    char leader_name[15];
    for(i=1;i<=15;i++)
    {
          scanf("%s",leader_name);
          for(j=0;j<3;j++)
              if(strcmp(leader_name, leader[j].name)==0)
                   leader[j].count++;
    }
    printf("\n");
    for(i=0;i<3;i++)
         printf("%5s:%d\n",leader[i].name,leader[i].count);
    system("pause");
}
```

程序运行结果如下：

```
Hu
Hu
Zheng
Zheng
Zheng
Tian
Hu
Hu
Tian
Hu:4
Zheng:3
Tian:2
```

9.1.6 结构体指针

结构体指针有两种，一种是指向结构体变量的指针，另一种是指向结构体数组的指针。

一个指针变量当用来指向一个结构体变量时，称为结构体指针变量。结构体指针变量的值是所指向的结构体变量的首地址。通过结构体指针即可访问该结构体变量，这与数组指针和函数指针的情况是相同的。

结构体指针变量说明的一般形式为：

struct 结构体类型名 * 结构体指针变量名;

例如，在前面的例题中定义了 student 这个结构，如要说明一个指向 student 的指针变量 pstu，可写为：

```
struct student * pstu;
```

当然也可在定义 student 结构体时同时说明 pstu。与前面讨论的各类指针变量相同，结构体指针变量也必须要先赋值后才能使用。

赋值是把结构体变量的首地址赋予该指针变量，不能把结构体名赋予该指针变量。如果 girl 是被说明为 stu 类型的结构体变量，则 pstu = &girl 是正确的，而 pstu = &student 是错误的。

结构体名和结构体变量是两个不同的概念，不能混淆。因此上面 &student 这种写法是错误的，不可能去取一个结构体名的首地址。有了结构体指针变量，就能更方便地访问结构体变量的各个成员了。其访问的一般形式为：

(* 结构体指针变量) . 成员名

或为：

结构体指针变量 - >成员名

例如：

```
(* pstu).num
```

或者：

```
pstu->num
```

注意：(* pstu) 两侧的括号不可少。因为成员符“.”的优先级高于“ * ”，如去掉括号写作 * pstu. num 则等效于 * (pstu. num)，这样意义就完全不对了。

结构体指针变量可以指向一个结构体数组，这时结构体指针变量的值是整个结构体数组的首地址。结构体指针变量也可指向结构体数组的一个元素，这时结构体指针变量的值是该结构体数组元素的首地址。

【例 9-1】 用指针变量输出结构体数组。

分析：设 ps 为指向结构体数组的指针变量，则 ps 也指向该结构体数组的 0 号元素，ps + 1 指向 1 号元素，ps + i 则指向 i 号元素。这与普通数组的情况是一致的。

参考程序如下：

```
#include <stdio.h>
struct student
{
    char name[20];
    long stu_id;
    char sex;
    int sum;
} stud[5] = {{"huangtian",2014001,'m',264},{"liuquanfang",
2014020,'f',220},{"lileifeng", 2014010,'f',212}, {"zhangyun",
2014008, 'f',257},{"chengfei", 2014025,'m',226}};
```

```
void main()
{
    struct student * ps;
    printf("Name \t \tNumber \t \tSex \tScore_sum \n");
    for(ps = stud;ps < stud +5;ps ++)
        printf("% s \t% ld \t \t% c \t% d \t \n",ps->name,ps->stu_id,
        ps->sex,ps->sum);
}
```

在程序中，定义了 student 结构体类型的外部数组 stud 并做了初始化赋值。在 main 函数内定义 ps 为指向 student 类型的指针。在循环语句 for 的表达式 1 中，ps 被赋予 stud 的首地址，然后循环 5 次，输出 stud 数组中各成员值。

应该注意的是，一个结构体指针变量虽然可以用来访问结构体变量或结构体数组元素的成员，但是不能使它指向一个成员。也就是说，不允许取一个成员的地址来赋予它。因此，下面的赋值是错误的。

```
ps = &stud[1].sex;
```

而只能是：

```
ps = stud;              //赋予数组首地址
```

或者是：

```
ps = &stud[0];//赋予 0 号元素首地址
```

9.1.7 动态内存分配

C 语言中根据数据在内存中存在时间（生存期）的不同，将供用户使用的内存空间分为程序区、静态存储区和动态存储区 3 个区域，其中动态存储区又分为堆区和栈区。程序区用于存储程序代码，静态存储区、堆区和栈区存储程序中的变量和其他相关参数。因此，为变量分配内存的方式根据存储区域不同分为静态存储分配、栈分配和堆分配 3 种。

1）静态存储分配：变量的空间在程序编译时就已经分配好，这块内存在程序整个运行期间都存在。全局变量和 static 变量为静态存储分配变量。

2）栈分配：在函数执行时，函数内部的局部变量和参数的存储单元都在栈上创建，函数运行结束时这些存储单元被自动释放。局部变量、函数参数的内存为栈分配方式。

3）堆分配：动态内存分配。程序运行时由内存分配函数在堆上申请内存，由 free 函数释放内存。

在实际的编程中，往往会发生所需的内存空间取决于实际输入的数据，而无法预先确定的问题。对于这种问题，用数组的办法很难解决。为了解决上述问题，C 语言提供了一些内存管理函数，这些内存管理函数可以按需要动态地分配内存空间，也可把不再使用的空间回收待用。

malloc 函数原型为：

(类型说明符 *) malloc (size)

其作用是在内存的动态存储区中分配一个长度为 size 的连续空间。

其参数是一个无符号整型数，返回值是一个指向所分配的连续存储域的起始地址的指针。若函数未能成功分配存储空间（如内存不足），则会返回一个 NULL 指针。所以在调用该函数时应该检测返回值是否为 NULL。

由于内存区域是有限的，不能无限制地分配下去，所以当分配的内存区域不再使用时，就要释放它，以供其他变量或者程序使用。这时就要用到 free 函数，其函数原型为：

void free（void * p）

其作用是释放指针 p 所指向的内存区。其参数 p 必须是先前调用 malloc 函数或 calloc 函数（另一个动态分配存储区域的函数）时返回的指针。

注意：这里重要的是指针的值，而不是用来申请动态内存的指针本身。

例如：

```
int * p1,* p2;
p1 =malloc(20* sizeof(int));
p2 =p1;
…
free(p2)    /* 或者 free(p2)* /
```

malloc 返回值赋给 p1，又把 p1 的值赋给 p2，所以此时 p1、p2 都可作为 free 函数的参数。

9.2 共用体

共用体是由用户定义的数据类型。有时需要使几种不同类型的变量存放到同一段内存单元中，也就是使用覆盖技术，几个变量互相覆盖。这种使几个不同的变量共同占用一段内存单元的结构，称为“共用体”类型的结构。

9.2.1 共用体类型的定义

共用体是另一种构造类型的数据，与结构体不同的是，它将不同类型的数据组织在相同的存储空间中，即在同一个存储区中先后存放不同类型的数据。

共用体类型定义的一般形式为：

```
union  共用体名
{
    类型 1  成员名 1;
    类型 2  成员名 2;
    …
    类型 n  成员名 n;
};
```

9.2.2 共用体变量的说明

共用体与结构体一样，必须先定义类型。共用体变量的定义方式与结构体变量类似，有以下三种定义方式。

1）先定义共用体类型，再定义共用体变量。其一般形式为：

union 共用体名
{
类型 1 成员名 1；
类型 2 成员名 2；
…
类型 n 成员名 n；
}
union 共用体名变量表；

2）在定义共用体类型的同时定义共用体变量。其一般形式为：

union 共用体名
{
类型 1 成员名 1；
类型 2 成员名 2；
…
类型 n 成员名 n；
} 变量表；

3）直接定义共用体变量。其一般形式为：

union 共用体名
{
类型 1 成员名 1；
类型 2 成员名 2；
…
类型 n 成员名 n；
} 变量表；

9.2.3 共用体变量的引用

共用体变量不能直接使用，和结构体变量一样只能使用里面的某个成员，其成员同样通过点运算描述。其一般形式为：

共用体变量名.成员名

例如：

```
union
{
    int i;
    char ch;
    float f;
}a;
```

定义了共用体类型变量 a，a 占有 4 个字节的空间，a.i 表示其整型成员，a.ch 表示其字符型成员，a. f 表示其单精度型成员。

说明：

1）共用体变量中可以包含若干个成员及若干种类型，但共用体成员不能同时使用。在每一时刻，只有一个成员及一种类型起作用，不能同时引用多个成员及多种类型。

2）共用体变量中起作用的成员值是最后一次存放的成员值，因为共用体变量所有成员共同占用同一段内存单元，后来存放的值将原先存放的值覆盖，故只能使用最后一次给定的成员值。例如，a. i = 278，a. ch = 'D'，a. f = 5. 78；，不能企图通过 printf（"%d,%c,%f"，a. i，a. ch，a. f)；得到 a. i 和 a. ch 的值，但能得到 a. f 的值。

3）共用体变量的地址和它的各个成员的地址相同。

4）不能企图引用共用体变量名来得到某成员的值。

5）共用体变量不能作为函数参数，函数的返回值也不能是共用体类型。

6）共用体类型和结构体类型可以相互嵌套，共用体中成员可以为数组，甚至还可以定义共用体数组。

9.3 枚举类型

生活中，有些数据的取值范围是固定的，如表示星期几的数据、表示性别的数据等。这些数据编程时常用整型表示，如用 0 表示女、用 1 表示男。用整型表示此类数据既不直观，又容易出错，如整型变量 sex 表示某人的性别时，语句"sex = 2;"在语法上没有问题，但实际上程序中已经出现了逻辑错误。C 语言中可以用"枚举型"的数据类型表示此类数据。枚举类型是用户自定义类型，定义时列举出此类数据所有可能的取值，定义后就可以用它定义枚举型变量了，枚举型变量的取值仅限于所定义枚举型时列举出的值。

9.3.1 枚举类型的定义

C 语言中用关键字 enum 定义枚举型。定义枚举型的一般形式为：

enum 枚举类型名

{

枚举常量列表

}；

其中，枚举常量列表由逗号分隔的枚举常量组成，枚举常量与枚举类型名均为标识符，且枚举常量在命名时习惯用大写字母，如语句"enum color {BLUE，RED，GREEN}；"就定义了一个枚举型 enum color。利用此枚举型就可以定义枚举型变量了，如语句"enum color col1，col2;"定义了两个枚举型变量 col1 和 col2，且它们只能取值 enum color 型定义时规定的枚举型常量，如"col1 = BLUE；"或 col2 = GREEN；"。

9.3.2 枚举变量的说明及引用

如同结构体和共用体一样，枚举变量也可用不同的方式说明，即先定义后说明、同时定义说明或直接说明。

设有变量 a、b、c 被说明为上述的 color，可采用下述任一种方式说明变量。

```
enum color{ BLUE,RED,GREEN };
enum color a,b,c;
```

或者为：

```
enum color{ BLUE,RED,GREEN }a,b,c;
```

或者为：

```
enum { BLUE,RED,GREEN }a,b,c;
```

9.3.3 枚举类型的应用

定义描述颜色的枚举类型 enum color，并进行相关的运算。

```
#include <stdio.h>
enum color {BLACK, BLUE, GREEN,CYAN,RED,MAGENTA,BROWN,WHITE};
void main()
{
    enum color a,b,c;
    enum color * pa;
    a=RED;
    b=WHITE;
    c=BLACK;
    printf("\na=%d b=%d c=%d  ",a,b,c);
    if(a>b)
        pa=&a;
    else
        pa=&b;
    printf("* pa=%d\n",* pa);
}
```

程序的运行结果如下：

```
a=4 b=7 c=0 * pa=7
```

9.4 用户定义类型

C 语言中用关键字 typedef 可以为数据类型定义一个别名。例如，有“typedef int INTEGER;”，则标识符 INTEGER 就是 int 的一个别名，两者可以互相交换使用。

也可以用 typedef 改写结构体类型名。例如，9.1 节中提到的 struct student 是不可分离的，那么用起来显得很啰嗦，而且与其他类型的名字也不一致。这时可以利用关键字 typedef 为 struct student 类型起一个简短的类型名字：

```
typedef struct student
{
    …
}STUD;
STUD stud1,stud2;
```

该声明在定义类型 struct student 的同时，又给结构体类型名 struct student 起了一个新的类型名字 STUD，而后再用这个新类型名字定义了变量 stud1 和 stud2。除此以外，还可以用 STUD 来直接定义结构体数组、指向结构体的指针等，例如：

```
STUD stud[10],* p;
```

上述与 struct student stu[10], * p；是等价的。但前者减少了关键词 struct 的重复使用，并具有更高的可读性。

为了增强程序的可移植性，有时也可以用 typedef 建立基本数据类型的别名。例如，在一个系统上用 typedef 为 int 类型定义了别名 integer，而另一个系统上的整型需要使用 long 类型，这样一次性修改程序中的别名 integer 就可以使程序在另一个系统上运行了。

typedef 定义类型别名的操作是在编译时处理的，是 C 语言语句，因此不要忘记语句的结束标志——分号“;”。去掉 typedef 关键字后，定义别名的语句就变成了一个定义变量的语句，如“int INTEGER;”就定义了一个整型变量 INTEGER。所以 typedef 语句定义的是去掉关键字 typedef 后相关变量的类型的别名，如“float A [6];”定义了一个长度为 6 的 float 型数组变量 A，而“typedef float A [6];”则为有 6 个元素的 float 型一维数组定义了别名 A。定义了别名 A 后，语句“A a1 = {1.1, 2.2, 3.3}, a2;”就定义了两个长度为 6 的 float 型一维数组变量 a1 和 a2，且 a1 的数组元素还被初始化了，即 a1 [0] =1.1、a1 [1] =2.2、a1 [2] =3.3、a1 [4] =a1 [5] =0.0。

9.5 知识点强化与应用

【例 9-2】 试利用结构体类型编制一程序，计算学生的平均成绩和不及格的人数。

分析：定义存放学生信息的结构体，利用循环计算并输出平均成绩和不及格人数。

参考程序如下：

```
#include <stdio.h>
struct stu
{
    int num;
    char * name;
    char sex;
    float score;
}boy[5] ={{101,"Li ping",'M',45},{102,"Zhang ping",'M',62.5},
{103,"He fang",'F',92.5},{104,"Cheng ling",'F',87},{105,"Wang
ming",'M',58},
```

```
    };
void main()
{
    int i,c=0;
    float ave,s=0;
    for(i=0;i<5;i++)
     {
         s+=boy[i].score;
         if(boy[i].score<60) c+=1;
     }
     printf("s=%f\n",s);
     ave=s/5;
     printf("average=%f\ncount=%d\n",ave,c);
}
```

【例9-3】 设有若干教师的数据，包含教师编号、姓名、职称。若职称为讲师，则描述他们所讲的课程；若职称为教授，则描述他们所写论文数目。

分析：定义一个共用体用来存储课程名称和所写论文数目，另外定义一个结构体用来存储老师编号、姓名、职称，并在该结构体中包含一个共用体变量，根据职称来确定该共用体变量是存储所讲课程还是所写论文数目。

参考程序如下：

```
#include <stdio.h>
union cf
{
    char clname[15];          /* 所讲课程* /
    int num;                  /* 论文数目* /
};
struct  teachers
{
    int  no;                  /* 编号* /
    char  name[15];           /* 姓名* /
    char  zc;                 /* 职称* /
    union  cf  x;             /* 可变字段,为所讲课程或论文数目* /
}teach[3];
#define  format   "%d %s %c"
void main()
{
    int i;
    for(i=0;i<3;i++)
    {
```

```
    scanf(format,&teach[i].no,teach[i].name,&teach[i].zc);
    if(teach[i].zc = ='L')
            scanf("%s",teach[i].x.clname);
      else  if(teach[i].zc = ='P')
            scanf("%d",&teach[i].x.num);
      else
          printf("input  data  error\n");
  }
  for(i =0;i <3;i ++)
  {
      printf ("%d %s %c", teach[i].no,teach[i].name,teach[i]
      .zc);
      if (teach[i].zc = ='L')
           printf("%s\n",teach[i].x.clname);
      else  if(teach[i].zc = ='P')
           printf ("%d\n",teach[i].x.num);
      else
           printf("data  error\n");
      }
}
```

【例 9-4】 利用枚举类型表示一周中的每一天，要求输入今天是星期几，判断今天是是工作日还是休息日，并输出今天起直到星期五的工作安排。

分析：

1）为了直观性，定义星期的枚举类型。

2）利用间接的方法输入枚举类型的星期几，即用数字代码分别表示不同的一天，如 0 代表星期日、1 代表星期一……

3）判断今天是工作日还是休息日，工作日从星期一至星期五。

4）用间接的方法输出工作安排表。

参考程序如下：

```
#include <stdio.h>
void main()
{
    enum days{sun,mon,tue,wed,thu,fri,sat}today;
    int day;
    printf("enter today(0 ~6):");
    scanf("%d",&day);
    switch(day)                         /* 间接输入今天是星期几* /
    {
```

```
    case 0:today=sun;break;
    case 1:today=mon;break;
    case 2:today=tue;break;
    case 3:today=wed;break;
    case 4:today=thu;break;
    case 5:today=fri;break;
    case 6:today=sat;break;
    }
  if(today==sun ||today==sat)
    {
     printf(" Today is rest!\n");
     return;
    }
  else
        printf("Today is workday!\n");
  for(day=mon;day<=fri;day++)/* 间接输出工作安排表* /
        switch(day)
  {
        case mon:printf("  Mon-study computer.\n");break;
        case tue:printf("  Tue-study math.\n");break;
        case wed:printf("  Wed-study english.\n");break;
        case thu:printf("  Thu-study music.\n");break;
        case fri:printf("  Fri-study chemistry.\n");break;
    }
}
```

9.6 小结

本章介绍了C语言中的结构体、共用体及枚举类型三种用户自定义数据类型。对于用户自定义数据类型的使用一般都包含类型的定义、类型的引用、类型的说明几个步骤。

对于一个已经定义的新数据类型，只是告诉计算机一种新的数据类型的诞生。要想使用该数据类型，必须为数据类型进行初始化。计算机会根据数据类型为其分配相应的内存空间，而内存空间如何分配、放置在内存中的何处，一般不需要用户干预，而用户访问变量一般是通过变量名或指向该变量的指针来实现的。用户自定义数据类型一旦定义完成，其使用方法与int、float等普通的数据类型是一样的。

在本章中提到两种结构体指针，一种是指向结构体变量的指针，另一种是指向结构体数组的指针。

【案例分析与实现】

在学生信息管理系统中，需要一种类型变量正好可以将定义的单个存放学生的信息封装起来，并用来存放8个同学的信息，完成录入后，将信息输出。

分析：先定义单个存放学生信息的结构体类型，然后定义结构体数组存放8个同学的信息。结构体数组为struct student stu［8］，通过循环输入8个同学的信息后，将结构按照格式输出。

参考程序如下：

```
struct student
{
    char name[20];
    longstu_id;
    char sex;
    intscore_math;
    intscore_Eng;
    intscore_C_lang;
    int  sum;
}stu[8];

void main()
{
printf("请录入8个学生信息？ \n");
for(i=0;i<8;i++)
    {
    printf("input the %d student's name:  ",i+1);
    scanf("%s",stu[i].name);
    printf("the stu_id: %ld\n",stu[i].stu_id);
    getchar();
    printf("input the sex: M or W:  ");
    scanf("%c",&stu[i].sex);
      printf("input the score of 数学英语计算机:  ");
      scanf("%d%d%d",&stu[i].score_math,&stu[i].score_Eng,
      &stu[i].score_C_lang);
       stu[i].sum=stu[i].score_math+stu[i].score_Eng+stu[i]
      .score_C_lang;
    }
    printf("姓名 学号 性别 数学分数 英语分数 计算机分数 总分\n");
    for(i=0;i<8;i++)
    {
```

```
    printf("% -5s\t%ld\t%c\t% -2d\t% -13d\t% - 4d\t% -3d",stu
    [i].name,stu[i].stu_id,stu[i].sex,stu[i].score_math,stu[i]
    .score_Eng,stu[i].score_C_lang,stu[i].sum);
    putchar('\n');
    }
}
```

习　题

一、填空题

1. 定义以下结构体类型：

```
 struct  s
{
 int  a;
 char  b;
 float  f;
};
```

则语句 printf（"%d"，sizeof（struct　s））的输出结果为________。

2. 已有定义和语句：

```
 union data
{ int i;
    char c;
    float f;
}a,* p;
p=a;
```

则对 a 中成员 c 的正确访问形式可以是________（只需写出其中一种）。

二、单项选择题

1. 运行下列程序段，输出结果是（　　）。

```
struct country
   { int num;
     char name[10];
   }x[5]={1,"China",2,"USA",3,"France",4, "England",5, "Span-
ish"};
   struct country * p;
   p=x+2;
   printf("%d,%c",p->num,(* p).name[2]);
```

A）3，a　　B）4，g　　C）2，U　　D）5，S

2. 设有如下枚举类型定义：

```
enum language {Basic =3,Assembly =6,Ada =100,COBOL,Fortran};
```

枚举量 Fortran 的值为（　　）。

A）4　　B）7　　C）102　　D）103

3. 设有以下说明语句，则下面的叙述正确的是（　　）。

```
typedef struct
{
 int a;
 float b;
}stutype;
```

A）stutype 是结构体变量名　　B）stutype 是结构体类型名

C）struct 是结构体类型名　　D）typedef struct 是结构体类型名

三、程序填空题

```
static struct man
{
  char name[20];
  int age;
}person[ ] ={{"LiMing",18},{"WangHua",19},{"ZhangPing",20}};
main( )
{
 struct man * p,* q;
 int old =0;
 p =person;
 for(;_(1)__; p++)
 if(old <p- >age)
 { q=p;
  _(2)__;
  }
  printf("%s %d", _(3)__);
}
```

第 10 章 文 件

学习要点

1. 文件的概念
2. 文件的打开、数据写入及读取
3. 简单宏定义与带参的宏定义
4. 条件编译

导入案例

案例：数据的长期存储及读取

在学生信息管理系统中，如果不采用文件，每次运行系统所录入的数据和运算得到的结果都只存储在内存中，下次再次运行系统时，之前的数据都会丢失，不符合系统的真实场景。在实际应用过程中，就需要使用文件，将系统运行过程中所产生的数据加以保存。比如，在学生信息管理系统中，就需要将录入的所有学生的信息存放在磁盘 E 盘的 student. txt 文件中，并能方便地将该文件中需要的信息读出并进行相关操作。

本章主要介绍与文件相关的操作函数及应用。

10.1 文件概述

在现实生活中，经常要把需要存储的数据放在磁盘上进行存放，存放的形式就是常说的文件。

10.1.1 文件的概念

所谓“文件”是指驻留在外部介质（如磁盘等）上的一组相关数据的有序集合。这个数据集有一个名称，叫作文件名，如学生成绩管理系统中使用的“student. txt”。前面的各章中已经多次使用了文件，如源程序文件、目标文件、可执行文件、库文件（头文件）等。

10.1.2 文件的分类

C 语言的文件从不同角度可以划分为不同的种类。下面介绍几种对文件的分类方法。

1. 从用户的角度

从用户的角度看，文件可分为普通文件和设备文件两种。

普通文件是指驻留在磁盘或其他外部介质上的一个有序数据集，可以是源文件、目标文件、可执行文件；也可以是一组待输入处理的原始数据，或者是一组输出的结果。对于源文件、目标文件、可执行文件可以称作程序文件，对输入/输出数据可称作数据文件。

设备文件是指与主机相连的各种外部设备，如显示器、打印机、键盘等。在操作系统中，把外部设备也看作是一个文件来进行管理，把它们的输入、输出等同于对磁盘文件的读和写。

2. 从数据存储形式的角度

根据数据存储的形式，文件可分为ASCII码文件和二进制码文件两种。

ASCII文件也称为文本文件，这种文件在磁盘中存放时每个字符对应一个字节，每个字节中存放相应字符的ASCII码，如数1234的ASCII码存储形式为00000001 00000010 00000011 00000100。C语言中的所有源程序文件（扩展名为.c）就是ASCII文件。

二进制文件是按二进制的编码方式来存放文件的，如数1234的二进制存储形式为0100 1101 0010。C语言中的目标文件（扩展名为.obj）和可执行文件（扩展名为.exe）都是二进制文件。

不管如何分类，C语言系统在处理这些文件时，并不区分类型，而都是按字节进行处理，输入/输出字符流的开始和结束只由程序控制而不受物理符号（如回车符）的控制，因此也把这种文件称作“流式文件”。

本章讨论流式文件的打开、关闭、读、写、定位等各种操作。

10.2 文件操作

C语言本身并不提供文件操作的语句，而是由C编译系统以标准库函数的形式提供对文件操作的支持，所有与文件操作有关的库函数都保存在标题文件“stdio.h”中。

文件的创建和使用都需要由程序完成，实现从文件中读取数据或向文件中写入数据，一般都经过以下3个步骤。

1）建立或打开文件。

2）从文件中读取数据或向文件中写入数据。

3）关闭文件。

以上的3个步骤是按照顺序执行的。打开文件是为文件的读/写做好准备，将指定文件与程序联系起来。当要打开一个文件进行写操作时，如果文件不存在，则系统会先建立这个文件；当要打开一个文件进行读操作时，如果文件不存在，系统就会报错。

10.2.1 文件类型指针

在C语言中用一个指针变量指向一个文件，这个指针称为文件指针。通过文件指针就可对它所指的文件进行各种操作。定义说明文件指针的一般形式为：

```
FILE * 指针变量标识符;
```

其中FILE应为大写，它实际上是由系统定义的一个结构，该结构中含有文件名、文件状态和文件当前位置等信息。在编写源程序时不必关心FILE结构的细节。

例如：

```
FILE * fp;
```

表示 fp 是指向 FILE 结构的指针变量，通过 fp 即可找到存放某个文件信息的结构变量，然后按结构变量提供的信息找到该文件，实施对文件的操作。习惯上也笼统地把 fp 称为指向一个文件的指针。

一个文件指针可以指向一个文件，因此同时打开几个文件就应该有几个文件指针。不允许一个指针同时指向几个文件，也不允许几个指针同时指向一个文件。

10.2.2 文件的打开操作

打开文件，实际上是建立文件的各种有关信息，并使文件指针指向该文件，以便进行其他操作。其调用的一般形式为：

文件指针名 = fopen（文件名，使用文件方式）;

其中：

“文件指针名”必须是被说明为 FILE 类型的指针变量；

“文件名”是被打开文件的文件名，其是字符串常量或字符串数组；

“使用文件方式”是指文件的类型和操作要求。

例如：

```
FILE * fp;
fp=fopen("file a","r");
```

其意义是在当前目录下打开文件 file a，只允许进行读操作，并使 fp 指向该文件。

又如：

```
FILE * fphzk;
fphzk=fopen("c:\\student","rb");
```

其意义是打开 C 驱动器磁盘根目录下的文件 student，这是一个二进制文件，只允许按二进制方式进行读操作。两个反斜线“\ \”中的第一个表示转义字符，第二个表示根目录。

使用文件的方式共有 12 种，它们的符号和意义见表 10-1。

表 10-1 文件使用方式及意义

文件使用方式	意 义
“rt”	只读打开一个文本文件，只允许读数据
“wt”	只写打开或建立一个文本文件，只允许写数据
“at”	追加打开一个文本文件，并在文件末尾写数据
“rb”	只读打开一个二进制文件，只允许读数据
“wb”	只写打开或建立一个二进制文件，只允许写数据
“ab”	追加打开一个二进制文件，并在文件末尾写数据
“rt +”	读写打开一个文本文件，允许读和写
“wt +”	读写打开或建立一个文本文件，允许读和写
“at +”	读写打开一个文本文件，允许读，或在文件末追加数据
“rb +”	读写打开一个二进制文件，允许读和写
“wb +”	读写打开或建立一个二进制文件，允许读和写
“ab +”	读写打开一个二进制文件，允许读，或在文件末追加数据

说明：

1）文件使用方式由 r、w、a、t、b、+6 个字符拼成，各字符的含义如下。

```
r(read):读文件;
w(write):写文件;
a(append):文件末尾追加数据;
t(text):文本文件,可省略不写;
b(binary):二进制文件;
 +:读和写。
```

2）凡用“r”打开一个文件时，该文件必须已经存在，且只能从该文件读出。

3）用“w”打开的文件只能向该文件写入。若打开的文件不存在，则以指定的文件名建立该文件；若打开的文件已经存在，则将该文件的内容清空。

4）若要向一个已存在的文件追加新的信息，只能用“a”方式打开文件。但此时该文件必须是存在的，否则将会出错。

5）在打开一个文件时，如果出错，fopen 将返回一个空指针值 NULL。在程序中可以用这一信息来判别是否成功打开文件，并做相应的处理。因此常用以下程序段打开文件。

```
if((fp=fopen("c:\\student","rb"))==NULL)
{
      printf("\nerror on open c:\\student file!");
      getch();
      exit(1);
}
```

这段程序的意义是，如果返回的指针为空，表示不能打开 C 盘根目录下的 student 文件，则给出提示信息“error on open c:\\ student file!”。getch()的功能是从键盘输入一个字符，但不在屏幕上显示，在这里，该行的作用是等待，只有当用户从键盘敲任一键时，程序才继续执行，因此用户可利用这个等待时间阅读出错提示，敲键后执行 exit（1）退出程序。

10.2.3 文件的关闭操作

关闭文件则断开指针与文件之间的联系，也就禁止再对该文件进行操作了。

fclose 函数调用的一般形式为：

fclose（文件指针）；

例如：

```
fclose(fp);
```

正常完成关闭文件操作时，fclose 函数返回值为 0，如返回非 0 值则表示有错误发生。

注意：文件一旦使用完毕，应用关闭文件函数把文件关闭，以避免文件的数据丢失等错误。

10.2.4 文件的读/写操作

对文件的读和写是最常见的文件操作。在C语言中提供了多种文件读/写的函数。

字符读/写函数：fgetc 和 fputc；

字符串读/写函数：fgets 和 fputs；

数据块读/写函数：fread 和 fwrite；

格式化读/写函数：fscanf 和 fprinf。

使用以上函数都要求包含头文件 stdio. h。下面分别就这些函数的使用方法予以介绍。

1. 字符读/写函数 fgetc 和 fputc

字符读/写函数是以字符（字节）为单位的读/写函数，每次可从文件读出或向文件写入一个字符。

（1）读字符函数 fgetc

fgetc 函数的功能是从指定的文件中读取一个字符。fgetc 函数调用的形式为：

字符变量 = fgetc（文件指针）;

例如：ch = fgetc（fp）;

其意义是从打开的文件 fp 中读取一个字符并赋值给 ch 变量。

说明：

1）在 fgetc 函数调用中，读取的文件必须是以读或读写方式打开的。

2）在文件内部有一个位置指针，其用来指向文件的当前读/写位置。在文件打开时，该指针总是指向文件的第一个字节，使用 fgetc 函数后，该位置指针将向后移动一个字节。因此可连续多次使用 fgetc 函数读取多个字符。应注意文件指针和文件内部的位置指针不是一回事，文件指针是指向整个文件的，须在程序中定义说明，只要不重新赋值，文件指针的值是不变的；文件内部的位置指针用以指示文件内部的当前读/写位置，每读/写一次，该指针均向后移动，它不需在程序中定义说明，而是由系统自动设置的。

（2）写字符函数 fputc

fputc 函数的功能是把一个字符写入指定的文件中。fputc 函数调用的形式为：

fputc（字符量，文件指针）;

其中，待写入的字符量可以是字符常量或变量，例如：

```
fputc('a',fp);
```

其意义是把字符 a 写到 fp 所指向的文件中。

对于 fputc 函数的使用也要说明几点：

1）被写入的文件可以用写、读写、追加方式打开，用写或读写方式打开一个已存在的文件时将清除原有的文件内容，写入字符从文件首开始。如需保留原有文件内容，希望写入的字符以文件末开始存放，必须以追加方式打开文件。被写入的文件若不存在，则在指定位置创建该文件。

2）每写入一个字符，文件内部位置指针向后移动一个字节。

3）fputc 函数有一个返回值，如写入成功则返回写入的字符，否则返回一个 EOF，可用此来判断写入是否成功。

2. 字符串读/写函数 fgets 和 fputs

（1）读字符串函数 fgets

fgets 函数的功能是从指定的文件中读一个字符串到字符数组中。fgets 函数调用的形式为：

fgets（字符数组名，n，文件指针）；

其中的 n 是一个正整数，表示从文件中读出的字符串不超过 n-1 个字符。在读入的最后一个字符后加上字符串结束标志“0”。例如，fgets(str,n,fp);的意义是从 fp 所指的文件中读出 n-1 个字符送入字符数组 str 中。

对 fgets 函数有两点说明：

1）在读出 n-1 个字符之前，如遇到了换行符或 EOF，则读出结束。

2）fgets 函数也有返回值，其返回值是字符数组的首地址。

（2）写字符串函数 fputs

fputs 函数的功能是向指定的文件写入一个字符串。其调用形式为：

fputs（字符串，文件指针）；

其中，字符串可以是字符串常量，也可以是字符数组名或指针变量。例如，fputs（"abcd"，fp）；的意义是把字符串“abcd”写入 fp 所指的文件中去。

3. 数据块读/写函数 fread 和 fwrite

C 语言还提供了用于整块数据的读/写函数，其可用来读/写一组数据，如一个数组元素、一个结构体变量的值等。

读数据块函数调用的一般形式为：

fread（buffer，size，count，fp）；

写数据块函数调用的一般形式为：

fwrite（buffer，size，count，fp）；

其中，buffer 是一个指针，在 fread 函数中表示存放输入数据的首地址，在 fwrite 函数中表示存放输出数据的首地址；size 表示数据块的字节数；count 表示要读/写的数据块块数；fp 表示文件指针。例如，fread（a，4，5，fp）的意义是从 fp 所指的文件中，每次读 4 个字节送入以 a 为起始地址的内存单元中，连续读取 5 次。

4. 格式化读/写函数 fscanf 和 fprintf

fscanf 函数、fprintf 函数与前面使用的 scanf 和 printf 函数的功能相似，都是格式化读/写函数。两者的区别在于 fscanf 函数和 fprintf 函数的读/写对象不是标准输入设备键盘和标准输出设备显示器，而是磁盘文件。

这两个函数的调用格式为：

fscanf（文件指针，格式字符串，输入表列）；

fprintf（文件指针，格式字符串，输出表列）；

例如，fscanf(fp,"%d%s",&i,s);表示从 fp 所指向的文件中读取一个整型和字符串数据后分别赋值给 i 变量和 s 字符数组；fprintf(fp,"%d%c",j,ch);表示将内存中 j 变量和 ch 变量的值以整型和字符型的格式写入到 fp 所指向的文件中去。

10.3　文件的定位

C语言的文件是一个字节流，用前面介绍的读/写函数进行读/写时，只能是顺序读/写，每读/写一次，文件中指向当前位置的指针自动指向下一个位置。然而在实际应用中，常常希望直接定位读/写文件中的某一个数据项，而不是按文件的物理顺序逐个读/写。要实现上述所说的随机读/写，就需要用定位函数使文件位置指针指向相应位置，然后再进行文件读/写。其中，文件的位置指针是指向文件当前的读/写位置的指针，每次读/写后，它自动更新指向新的读/写位置。

可以通过文件位置指针函数，实现文件的定位读/写。文件位置指针函数有：

```
rewind:重返文件头函数;
fseek:位置指针移动函数;
ftell:获取当前位置指针函数。
```

10.3.1　rewind 函数

rewind 函数使文件位置指针重新回到文件的开头位置。它的原型是为

void rewind（FILE ＊fp）;

调用格式为：

rewind（fp）;

说明：fp 是文件指针，指向在打开时与它相联系的文件。

10.3.2　fseek 函数

fseek 函数用来移动文件内部位置指针，常用于二进制文件。它的原型为：

int fseek（FILE ＊fp，long offset，int origin）;

调用格式为：

fseek（fp，offset，origin）;

说明：fp 是文件指针，指向被移动的文件。offset 是位移量，表示移动的字节数，要求位移量是 long 型数据，以便在文件长度大于 64KB 时不会出错。当用整型常量表示位移量时，要求加后缀“L”。origin 是起始点，表示计算偏移量的起始点，规定的起始点有三种：文件首、当前位置和文件尾，其表示方法见表 10-2。

表 10-2　fseek 函数的三种起始位置

起　始　点	表示符号	数字表示
文件首	SEEK_ SET	0
当前位置	SEEK_ CUR	1
文件末尾	SEEK_ END	2

例如：

```
fseek(fp,100L,0);     /* 把位置指针移到离文件首 100 个字节处* /
fseek(fp,100L,1);     /* 把位置指针移到离当前位置后 100 个字节处* /
fseek(fp,-50L,1);     /* 把位置指针移到离当前位置前 50 个字节处* /
```

说明：其中的参数0、1、2也可以用符号常量 SEEK_SET、SEEK_CUR、SEEK_END 来表示。

10.3.3 ftell 函数

ftell 函数用来获取文件位置指针的当前位置。它的原型为：

long ftell (FILE * fp);

调用格式为：

ftell (fp);

说明：fp 是文件指针，该函数用以得到 fp 所指文件的位置指针的当前位置，此位置是相对于文件头部的，单位是字节，类型为 long。例如：

```
i=ftell(fp);                              /* 变量 i 用来存放当前位置* /
如果调用失败,函数返回值 -1L。
if(i = = -1L) printf("error!");          /* 调用失败时,函数返回 -1L,输出错
                                             误信息 error* /
```

10.3.4 文件的错误检测

在对文件进行操作时，程序中常常需要对操作的正确性做出判断，除了可以利用文件操作函数的返回值判断外，C 语言还提供了以下几个文件操作检测函数。

1. ferror 函数——文件出错检测函数

ferror 函数用来确定文件操作中是否出错。它的原型为：

int ferror (FILE * fp);

调用格式为：

ferror (fp);

说明：fp 是文件指针。在文件读/写期间，若操作出错则此函数返回值为非0值，若操作正确则返回0。在执行 fopen 函数时，ferror 函数的初始值自动设置为0。

2. clearerr 函数——文件出错复位函数

clearerr 函数是用来进行文件出错复位的。它的原型为：

voidclearerr (FILE * fp);

调用格式为：

clearerr (fp);

说明：fp 是文件指针。文件出错时系统将对其出错标志进行设置。调用该函数可以复位其出错标志，即清除 fp 指定的文件的错误标志和文件结束标志。该函数没有返回值。

10.4 编译预处理

一个 C 语言程序可以包含多个源文件，VC++ 6.0 用工程（Project）把多个相关的源文件组织在一起。编译系统把一个 C 语言程序编译成可执行目标文件，其过程可简单地分成3

个阶段：预处理阶段、编译汇编阶段和连接阶段。

源文件通常由命令和语句两部分组成。在源文件被编译之前，源文件中的类似 include 的命令需要由称作“预处理器”的程序处理，这个阶段称为预处理阶段。源文件中的命令又称为“预处理命令”，预处理命令常以“#”开始，后面没有分号，编译源文件时预处理器首先被调用执行。

编译汇编阶段把源文件翻译成由相应的机器指令组成的二进制文件。在 VC++ 6.0 中选择“组建（Build）”→“编译（Compile）”命令就可以把源文件编译汇编。程序中每个源文件都会编译汇编成一个单独的二进制文件，编译汇编时可以检查出源文件中的语法错误。

连接阶段把与程序相关的编译汇编阶段产生的二进制文件合并成一个可执行的目标文件。在 VC++ 6.0 中选择“组建（Build）”→“组建（Build）”命令就可以生成一个可执行文件。连接阶段的主要任务是处理具有全局作用域的标识符在多个文件中的使用问题，当两个源文件中定义了相同的全局作用域标识符，或者一个源文件中引用了其他源文件中并没有定义的全局作用域标识符时，连接阶段就会出错。

常用的预处理命令有宏定义、文件包含和条件编译。

10.4.1　宏定义

C 语言中宏用 define 命令定义，一般形式为：

#define 标识符 值

其中，标识符称为宏名，值称为宏体。宏定义后，原文件中用到宏体的地方就会用宏名来代替了。预处理器在预处理时会把以标识符形式出现的宏名替换成宏体，这个过程称为“宏展开”，这个简单的过程类似于文本编辑中的查找替换。

之所以用到宏，常有以下两个场景。第一个场景：一个在程序中多次出现的值较长时，就可以把这个值定义成宏，然后用宏名代替宏体，以减少输入时的工作量，如常把圆周率 3.1415926 定义成宏；第二个场景：一个值在程序中多次出现，而且这个值可能会变动，这种情况也可以定义宏，在程序中出现该值的地方都用宏名替换该值，当需要修改这个值时，只需要修改宏定义即可，不必在程序中修改多个地方。

宏分为两类：简单宏和参数化宏。

1. 简单宏

简单宏的一般形式为：

#define 标识符 值

说明：#define 命令不是 C 语句，宏定义的结尾不需要分号。如果出现分号，C 语言系统会认为分号是宏体的一部分，如#define PI 3.1415926；中，宏 PI 的宏体为 3.1415926;，当进行 area = PI * r * r 运算时，会被预处理器替换为 area = 3.1415926； * r * r，从而出现语法错误。

2. 参数化宏

参数化宏又称为带参数的宏，可以将该宏看成一个函数，定义函数是宏定义的另一个应用。在 C 语言程序中，经常把那些反复使用的运算表达式甚至某些操作定义为参数化宏，此时，宏名带有一个或多个形式参数。

在宏定义中的参数称为形式参数，在宏调用中的参数称为实际参数。

对带参数的宏，在调用中，不仅要宏展开，而且要用实参去代换形参。

参数化宏定义的一般形式为：

#define 宏名（形参表） 字符串

带参宏调用的一般形式为：

宏名（实参表）;

例如：

```
#define M(y) y* y +3* y              /* 宏定义* /
…
k =M(5);                             /* 宏调用* /
…
```

在宏调用时，用实参5去代替形参y，经预处理宏展开后的语句为：

```
k =5* 5 +3* 5
```

【例 10-1】 参数化宏求解两个数中的较大值。

```
#define MAX(a,b) (a >b)? a:b
void main()
{
    int x,y,max;
    printf("input two numbers:    ");
    scanf("%d%d",&x,&y);
    max =MAX(x,y);
    printf("max =%d \n",max);
}
```

程序的第1行是带参宏定义，用宏名MAX表示条件表达式（a >b）? a : b，形参a、b均出现在条件表达式中。程序第7行max = MAX（x，y）为宏调用，实参x、y将代换形参a、b，宏展开后该语句为max =（x >y）? x：y;，用于计算x、y中的大数。

注意：

1）带参宏定义中，宏名和形参表之间不能有空格出现。

例如：

```
#define MAX(a,b) (a >b)? a:b
```

写为：

```
#define MAX  (a,b)  (a >b)? a:b
```

将被认为是无参宏定义，宏名MAX代表字符串（a，b）(a >b)？a : b。宏展开时，宏调用语句：

```
    max =MAX(x,y);
```

将变为：

```
    max =(a,b)(a >b)? a : b(x,y);
```

这显然是错误的。

2）在带参宏定义中，形式参数不分配内存单元，因此不必做类型定义；而宏调用中的实参有具体的值，要用它们去代换形参，因此必须做类型说明。这与函数中的情况是不同的。在函数中，形参和实参是两个不同的量，各有自己的作用域，调用时要把实参值赋予形参，进行“值传递”；而在带参宏中，只是符号代换，不存在值传递的问题。

3）在宏定义中的形参是标识符，而宏调用中的实参可以是表达式。

4）在宏定义中，字符串内的形参通常要用括号括起来以避免出错。在例10-1中的宏定义中（y）*（y）表达式的y都用括号括起来，因此结果是正确的，如果去掉括号，程序会出现错误。

【例10-2】 参数化宏求解平方值的错误情景一。

```
#define SQ(y) y* y
    main(){
    int a,sq;
    printf("input a number:");
    scanf("%d",&a);
    sq =SQ(a +1);
    printf("sq =%d \n",sq);
}
```

程序运行结果为：

```
input a number:3
sq =7
```

思考

运行本程序如输入值为3时，希望得到的结果为16，但是实际结果为7，这是由于代换只做符号代换而不做其他处理而造成的。宏代换后将得到以下语句：

```
sq =a +1* a +1;
```

由于a为3故sq的值为7。这显然与题意相违，因此参数两边的括号是不能少的。即使在参数两边加括号还是不够的，请看下面程序。

【例10-3】 参数化宏求解二次方值的错误情景二。

```
#define SQ(y) (y)* (y)
main(){
    int a,sq;
    printf("input a number:    ");
    scanf("%d",&a);
    sq =160/SQ(a +1);
```

```
printf("sq=%d\n",sq);
}
```

本程序与例10-2相比，只把宏调用语句和宏定义命令分别改为：

```
    sq=160/SQ(a+1);
    #define SQ(y) (y)* (y)
```

运行本程序如输入值仍为3时，程序运行结果如下：

```
    input a number:3
    sq=160
```

思考

同样输入3，但结果却是不一样的。为什么会得这样的结果呢？

分析宏调用语句，在宏代换之后变为：

```
sq=160/(a+1)* (a+1);
```

a为3时，由于"/"和"*"运算符优先级和结合性相同，则先做160/（3+1）得40，再做40*（3+1）最后得160，为了得到正确答案应在宏定义中的整个字符串外加括号，程序修改如下。

【例10-4】 参数化宏求解平方值的正确场景。

```
#define SQ(y) ((y)* (y))
main(){
  int a,sq;
  printf("input a number:    ");
  scanf("%d",&a);
  sq=160/SQ(a+1);
  printf("sq=%d\n",sq);
}
```

以上讨论说明，对于宏定义不仅应在参数两侧加括号，也应在整个字符串外加括号。

带参的宏和带参函数很相似，但有本质上的不同，除上面已谈到的各点外，把同一表达式用函数处理与用宏处理两者的结果有可能是不同的。

宏定义也可用来定义多个语句，在宏调用时，把这些语句又代换到源程序内。看下面的例子。

【例10-5】 参数化函数。

```
#define SSSV(s1,s2,s3,v) s1=l* w;s2=l* h;s3=w* h;v=w* l* h;
main(){
 int l=3,w=4,h=5,sa,sb,sc,vv;
 SSSV(sa,sb,sc,vv);
 printf("sa=%d\nsb=%d\nsc=%d\nvv=%d\n",sa,sb,sc,vv);
}
```

程序第一行为宏定义，用宏名SSSV表示4个赋值语句，4个形参分别为4个赋值符左部的变量。在宏调用时，把4个语句展开并用实参代替形参，使计算结果送入实参之中。

10.4.2 文件包含

文件包含是C预处理程序的另一个重要功能。

文件包含命令行的一般形式为：

#include" 文件名"

在前面已多次用此命令包含过库函数的头文件。例如：

```
#include"stdio.h"
#include"math.h"
```

文件包含命令的功能是把指定的文件插入该命令行位置取代该命令行，从而把指定的文件和当前的源程序文件连成一个源文件。

在程序设计中，文件包含是很有用的。一个大的程序可以分为多个模块，由多个程序员分别编程。有些公用的符号常量或宏定义等可单独组成一个文件，在其他文件的开头用包含命令包含该文件即可使用。这样，可避免在每个文件开头都去书写那些公用量，从而节省时间，并减少出错。

说明：

1）包含命令中的文件名可以用双引号括起来，也可以用尖括号括起来。例如，以下写法都是允许的。

```
#include"stdio.h"
#include <math.h >
```

这两种形式是有区别的：使用尖括号表示在包含文件目录中去查找（包含目录是由用户在设置环境时设置的），而不在源文件目录中去查找；使用双引号则表示首先在当前的源文件目录中查找，若未找到才到包含目录中去查找。用户编程时可根据自己文件所在的目录来选择某一种命令形式。

2）一个include命令只能指定一个被包含文件，若有多个文件要包含，则需用多个include命令。

3）文件包含允许嵌套，即在一个被包含的文件中又可以包含另一个文件。

10.4.3 条件编译

预处理程序提供了条件编译的功能，可以按不同的条件去编译不同的程序部分，因而产生不同的目标代码文件，这对于程序的移植和调试是很有用的。

条件编译有三种形式，下面分别介绍。

1）第一种形式：

```
#ifdef 标识符
    程序段 1
#else
    程序段 2
#endif
```

它的功能是，如果标识符已被#define 命令定义过则对程序段 1 进行编译，否则对程序段 2 进行编译，如果没有程序段 2（为空），本格式中的#else 可以没有，即可以写为：

```
#ifdef 标识符
      程序段
#endif
```

2）第二种形式：

```
#ifndef 标识符
      程序段1
#else
      程序段2
#endif
```

与第一种形式的区别是将“ifdef”改为“ifndef”。它的功能是，如果标识符未被#define 命令定义过则对程序段 1 进行编译，否则对程序段 2 进行编译。这与第一种形式的功能正相反。

3）第三种形式：

```
#if 常量表达式
      程序段1
#else
      程序段2
#endif
```

它的功能是，如常量表达式的值为真（非 0）则对程序段 1 进行编译，否则对程序段 2 进行编译。因此可以使程序在不同条件下，完成不同的功能。

【例 10-6】 使用条件编译计算圆的面积或正方形的面积。

```
#define R 1
main(){
float c,r,s;
printf ("input a number:  ");
scanf("%f",&c);
#if R
r =3.14159* c* c;
printf("area of round is: %f \n",r);
#else
s =c* c;
printf("area of square is: %f \n",s);
#endif
}
```

本例中采用了第三种形式的条件编译。在程序第一行宏定义中，定义 R 为 1，因此在条件编译时，常量表达式的值为真，故计算并输出圆面积。

上面介绍的条件编译当然也可以用条件语句来实现，但是用条件语句将会对整个源程序进行编译，生成的目标代码程序很长；而采用条件编译，则根据条件只编译其中的程序段1或程序段2，生成的目标程序较短。如果条件选择的程序段很长，采用条件编译的方法是十分必要的。

10.5 知识点强化与应用

【例10-7】 模仿DOS的COPY命令将一个文件的内容复制到另一个文件中。源程序文件名copy.c。

```
#include <stdio.h>
#include <conio.h>
#include <stdlib.h>
void main(int argc,char * argv[])
{
    FILE * fp1,* fp2;
    char ch;
    if((fp1 = fopen(argv[1],"r")) = =NULL)
    {
        printf("Cannot open %s \n",argv[1]);
        getch();
        exit(0)
    }
    if((fp2 = fopen(argv[2],"w") = =NULL)
    {
        printf("Cannot open %s \n",argv[1]);
        getch();
        exit(0)
    }
    while((ch = fgetc(fp1))!  = =NULL)
    {
        fputc(ch,fp2);
        fclose(fp1);
        fclose(fp2);}
}
```

本程序为带参的main()函数，程序中定义了两个文件指针fp1和fp2，分别指向命令行参数中给出的文件。fp1指向命令行中第二个参数，即源文件名；fp2指向命令行中第三个参数，即目标文件名。只要fp1指向的文件没有结束，就从该文件中读出一个字符，复制给字符变量 ch，再将 ch 中存放的字符写入 fp2 指向的文件中，实现了文件的复制。

【例 10-8】 编写一个程序实现输入一个字符串，将该字符串写入文件中，然后统计字符串中有多少个空格。

```
#include <stdio.h>
#include <stdlib.h>
void main()
{
    FILE * fp;
    char ch;
    int count =0;
    if((fp=fopen("c:\\file.txt","w"))==NULL)
    {
        printf("Cannot open file!\n");
        exit(0);
    }
    printf("please enter string:");
    while((ch=getchar())!='\n')  /* 此循环用于将字符串写入文件* /
        fputc(ch,fp);
    fclose(fp);
    if((fp=fopen("c:\\file.txt","r"))==NULL)
    {
        printf("Cannot open file! \n");
        exit(0);
    }
    while((ch=fgetc(fp))!=EOF)   /* 此循环用于统计字符串中的空格
                                 数* /
    {
        if(ch==32)
          count++;
    }
    fclose(fp);
    printf("there are %d spaces. \n",count);
}
```

10.6 小结

文件是指记录在外部介质上的一组相关数据的集合，从广义上来讲，所有的输入/输出设备都是文件。C 语言对文件的操作一般包括文件的打开与关闭、定位、文件的读与写以及文件操作出错的检测。

C 语言提供了许多标准函数实现对文件的字符读/写（fgetc 和 fputc）、字符串读/写（fgets 和 fputs）、数据块读/写（fread 和 fwrite），以及格式化数据读/写（fscanf 和 fprintf），还有对文件的定位（fseek、ftell 和 rewind）和对文件操作的检测（ferror、clearerrr）。

编译预处理是由预处理命令进行的，这是 C 语言的一个重要特点。它能改善程序设计环境，有助于编写易移植、易调试的程序，也是模块化程序设计的一个工具。

宏定义可以带有参数，宏调用时是以实参代换形参，而不是“值传送”。为了避免宏代换时发生错误，宏定义中的字符串应加括号，字符串中出现的形式参数两边也应加括号。

条件编译允许只编译源程序中满足条件的程序段，使生成的目标程序较短，从而减少了内存的开销并提高了程序的效率。

【案例分析与实现】

在学生成绩管理系统中，使用了 save 函数和 load 函数分别将运行中系统的数据存入到 student. txt 中，以及将 student. txt 中的信息导入到系统中进行读取。

```
void save()                          //------将学生信息保存至文件中-----------
{
    FILE * fp;
    int i;
    if((fp=fopen("student.txt","wb"))==NULL)
                                     //打开名称为 student.txt 的二进制文件
    {
        printf("cannot open file \n");
        return;
    }
    for(i=0;i<N;i++)
        if(fwrite(&stu[i],sizeof(struct student),1,fp)!=1)
                                     //将学生信息循环写至 fp 指针所指向的文件
                                       位置
        printf("file write error \n");
        fclose(fp);          //关闭文件
}
void load()                         //------将学生信息导入内存-----------
{
    FILE* fp;
    int i=0;
    if((fp=fopen("student.txt","rb"))==NULL)
    {
        printf("cannot open infile \n");
        exit(0);
```

```
  }
  while(! feof(fp))
  {
          fread(&stu[i],sizeof(struct student),1,fp);
                                    //从 fp 指针所指向的位置循环读文件内容
          i++;
     }
          fclose(fp);           //关闭文件
          N=(i-1);
}
```

习　题

1. 从键盘输入一个字符串，把它输出到磁盘文件 file. txt 中。

2. 编写程序，实现从键盘输入一个字符串，将其中的小写字母全部转换成大写字母，输出到磁盘文件 file. txt 中保存。输入的字符串以“！”结束，然后再将 file. txt 中的内容读出显示在屏幕上。

3. 若有宏定义：

```
#define max(a,b)  ((a)>(b)?(a):(b))
```

下面的表达式将扩展成什么？

```
max(a,max(b,max(c,d)))
```

如何修改上述表达式，使其宏扩展变得稍小一些？

4. 定义一个宏，交换两个参数的值。

附　录

附录A　C语言中的关键字（32个）

auto	break	case	char	const	continue	default	do
double	else	enum	extern	float	for	goto	if
int	long	register	return	short	signed	sizeof	static
struct	switch	typedef	union	unsigned	void	volatile	while

附录B　C语言常用数据类型

数据类型	字节数	数据范围
char	1	$-128 \sim 127$（$-2^7 \sim 2^7-1$）
unsigned char	1	$0 \sim 255$（$0 \sim 2^8-1$）
short int	2	$-32768 \sim 32767$（$-2^{15} \sim 2^{15}-1$）
unsigned short int	2	$0 \sim 65535$（$0 \sim 2^{16}-1$）
int	2 或4	$-32768 \sim 32767$（$-2^{15} \sim 2^{15}-1$） 或$-2147483648 \sim 2147483647$（$-2^{31} \sim 2^{31}-1$）
unsigned int	2	$0 \sim 65535$（$0 \sim 2^{16}-1$）
long	4	$-2147483648 \sim 2147483647$（$-2^{31} \sim 2^{31}-1$）
unsigned long	4	$0 \sim 4294967295$（$0 \sim 2^{32}-1$）
float	4	$-3.4 \times 10^{38} \sim 3.4 \times 10^{38}$
double	8	$-1.7 \times 10^{308} \sim 1.7 \times 10^{308}$
long double	12	$-1.2 \times 10^{4932} \sim 1.2 \times 10^{4932}$

附录C　常用字符与ASCII码对照表

ASCII值 十进制形式	ASCII值 十六进制形式	字　符	ASCII值 十进制形式	ASCII值 十六进制形式	字　符	ASCII值 十进制形式	ASCII值 十六进制形式	字　符
0	0	NULL	32	20	空格	64	40	@
1	1	SOH	33	21	!	65	41	A
2	2	STX	34	22	″	66	42	B
3	3	ETX	35	23	#	67	43	C
4	4	EOT	36	24	¥	68	44	D
5	5	ENQ	37	25	%	69	45	E
6	6	ACK	38	26	&	70	46	F
7	7	响铃	39	27	`	71	47	G
8	8	退格	40	28	(	72	48	H
9	9	HT	41	29	)	73	49	I
10	0A	换行	42	2A	*	74	4A	J
11	0B	VT	43	2B	+	75	4B	K
12	0C	FF	44	2C	,	76	4C	L
13	0D	回车	45	2D	—	77	4D	M
14	0E	SO	46	2E	.	78	4E	N
15	0F	SI	47	2F	/	79	4F	O
16	10	DLE	48	30	0	80	50	P
17	11	DC1	49	31	1	81	51	Q
18	12	DC2	50	32	2	82	52	R
19	13	DC3	51	33	3	83	53	S
20	14	DC4	52	34	4	84	54	T
21	15	NAK	53	35	5	85	55	U
22	16	SYN	54	36	6	86	56	V
23	17	ETB	55	37	7	87	57	W
24	18	CAN	56	38	8	88	58	X
25	19	EM	57	39	9	89	59	Y
26	1A	SUB	58	3A	:	90	5A	Z
27	1B	ESC	59	3B	;	91	5B	[
28	1C	FS	60	3C	<	92	5C	\
29	1D	GS	61	3D	=	93	5D	]
30	1E	RS	62	3E	>	94	5E	^
31	1F	US	63	3F	?	95	5F	—

（续）

ASCII 值 十进制 形式	ASCII 值 十六进制 形式	字 符	ASCII 值 十进制 形式	ASCII 值 十六进制 形式	字 符	ASCII 值 十进制 形式	ASCII 值 十六进制 形式	字 符
96	60	`	107	6B	k	118	76	v
97	61	a	108	6C	l	119	77	w
98	62	b	109	6D	m	120	78	x
99	63	c	110	6E	n	121	79	y
100	64	d	111	6F	o	122	7A	z
101	65	e	112	70	p	123	7B	{
102	66	f	113	71	q	124	7C	|
103	67	g	114	72	r	125	7D	}
104	68	h	115	73	s	126	7E	—
105	69	i	116	74	t	127	7F	DEL
106	6A	j	117	75	u			

注：ASCII 码中 0 ~ 31 为不可显示的控制字符。

附录 D　运算符和结合性

优先级	运 算 符	含 义	要求操作数的个数	结合方向
1	( ) [ ] → ·	圆括号 下标运算符 指向结构体成员运算符 结构体成员运算符		自左至右
2	! ~ ++ -- - (类型) * & sizeof	逻辑非运算符 按位取反运算符 自增运算符 自减运算符 负号运算符 类型转换运算符 指针运算符 地址与运算符 长度运算符	1 （单目运算符）	自右至左
3	* / %	乘法运算符 除法运算符 求余运算符	2 （双目运算符）	自左至右
4	+ -	加法运算符 减法运算符	2 （双目运算符）	自左至右
5	< < > >	左移运算符 右移运算符	2 （双目运算符）	自左至右

（续）

<table>
<tr><th>优先级</th><th>运算符</th><th>含义</th><th>要求操作数的个数</th><th>结合方向</th></tr>
<tr><td>6</td><td><
< =
>
> =</td><td>关系运算符</td><td>2
（双目运算符）</td><td>自左至右</td></tr>
<tr><td>7</td><td>= =
! =</td><td>等于运算符
不等于运算符</td><td>2
（双目运算符）</td><td>自左至右</td></tr>
<tr><td>8</td><td>&</td><td>按位与运算符</td><td>2
（双目运算符）</td><td>自左至右</td></tr>
<tr><td>9</td><td>^</td><td>按位异或运算符</td><td>2
（双目运算符）</td><td>自左至右</td></tr>
<tr><td>10</td><td>|</td><td>按位或运算符</td><td>2
（双目运算符）</td><td>自左至右</td></tr>
<tr><td>11</td><td>&&</td><td>逻辑与运算符</td><td>2
（双目运算符）</td><td>自左至右</td></tr>
<tr><td>12</td><td>‖</td><td>逻辑运算符</td><td>2
（双目运算符）</td><td>自左至右</td></tr>
<tr><td>13</td><td>?:</td><td>条件运算符</td><td>3
（三目运算符）</td><td>自右至左</td></tr>
<tr><td>14</td><td>= += -= *=
/= %= >>=
<<= &= ^=
|=</td><td>赋值运算符</td><td>2
（双目运算符）</td><td>自右至左</td></tr>
<tr><td>15</td><td>,</td><td>逗号运算符</td><td>2
（双目运算符）</td><td>自左至右</td></tr>
</table>

说明：

1）同一优先级的运算符优先级别相同，运算次序由结合方向决定。

2）不同的运算符要求有不同的运算对象个数，如+（加）和-（减）为双目运算符，而++和-（负号）是单目运算符，条件运算符是C语言中唯一的一个三目运算符。

3）从上述表中可以大致归纳出各类运算符的优先级：

初等运算符（ ）[ ] → ·

↓

单目运算符

↓

算述运算符（先乘除，后加减）

↓

关系运算符

↓

逻辑运算符（不包括!）

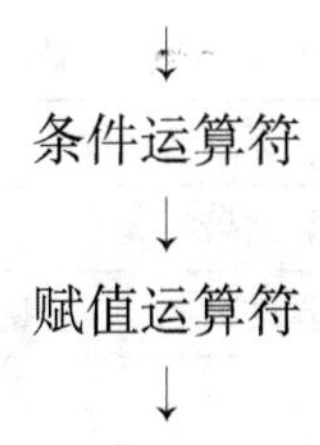

条件运算符

↓

赋值运算符

↓

逗号运算符

以上的优先级别由上到下递减。初等运算符优先级最高，逗号运算符优先级最低。位运算符的优先级比较分散。为了容易记忆，使用位运算符时可加圆括号。

附录E　C常用库函数

由于库函数的种类和数目很多（如还有屏幕和图形函数、时间日期函数、与本系统有关的函数等，每一类函数又包括各种功能的函数），限于篇幅，本附录不能全部介绍，只从教学需要的角度列出最基本的。读者在编制C程序时可能要用到更多的函数，请查阅有关的Turbo C库函数手册。

1. 数学函数

使用数学函数时，应该在源文件中使用命令：

```
#include"math.h"
```

函数名	函数与形参类型	功能	返回值
acos	double acos (double x)	计算 $\cos^{-1}(x)$ 的值 $-1\leqslant x\leqslant 1$	计算结果
asin	double asin (double x)	计算 $\sin^{-1}(x)$ 的值 $-1\leqslant x\leqslant 1$	计算结果
atan	double atan (double x)	计算 $\tan^{-1}(x)$ 的值	计算结果
atan2	double atan2 (double x, y)	计算 $\tan^{-1}(x/y)$ 的值	计算结果
cos	double cos (double x)	计算 cos (x) 的值 x的单位为弧度	计算结果
cosh	double cosh (double x)	计算x的双曲余弦cosh (x) 的值	计算结果
exp	double exp (double x)	求 e^x 的值	计算结果
fabs	double fabs (double x)	求x的绝对值	计算结果
floor	double floor (double x)	求出不大于x的最大整数	该整数的双精度实数
fmod	double fmod (double x, y)	求整除x/y的余数	返回余数的双精度实数
frexp	double frexp (val, eptr) double val int * eptr	把双精度数val分解成数字部分（尾数）和以2为底的指数，即 $val = x\times 2^n$，n存放在eptr指向的变量中	数字部分x $0.5\leqslant x<1$

（续）

函数名	函数与形参类型	功能	返回值
log	double log（double x）	求 $\log_e x$ 即 lnx	计算结果
log10	double log10（double x）	求 $\log_{10} x$	计算结果
modf	double modf（val，iptr） double val int * iptr	把双精度数 val 分解成整数部分和小数部分，把整数部分存放在 iptr 指向的变量中	val 的小数部分
pow	double pow（double x，y）	求 x^y 的值	计算结果
sin	double sin（double x）	求 sin（x）的值 x 的单位为弧度	计算结果
sinh	double sinh（double x）	计算 x 的双曲正弦函数 sinh（x）的值	计算结果
sqrt	double sqrt（double x）	计算 $\sqrt{x}$，$x \geqslant 0$	计算结果
tan	double tan（double x）	计算 tan（x）的值 x 的单位为弧度	计算结果
tanh	double tanh（double x）	计算 x 的双曲正切函数 tanh（x）的值	计算结果

2. 字符函数

在使用字符函数时，应该在源文件中使用命令：

```
#include"ctype.h"
```

函数名	函数和形参类型	功能	返回值
isalnum	int isalnum（ch） int ch	检查 ch 是否是字母或数字	是字母或数字返回 1；否则返回 0
isalpha	int isalpha（ch） int ch	检查 ch 是否是字母	是字母返回 1；否则返回 0
iscntrl	int iscntrl（ch） int ch	检查 ch 是否是控制字符（其 ASCⅡ码在 0～0xlF 之间）	是控制字符返回 1；否则返回 0
isdigit	int isdigit（ch） int ch	检查 ch 是否是数字	是数字返回 1；否则返回 0
isgraph	int isgraph（ch） int ch	检查 ch 是否是可打印字符（其 ASCⅡ码在 0x21～0x7e 之间），不包括空格	是可打印字符返回 1；否则返回 0
islower	int islower（ch） int ch	检查 ch 是否是小写字母（a～z）	是小字母返回 1；否则返回 0
isprint	int isprint（ch） int ch	检查 ch 是否是可打印字符（其 ASCⅡ码在 0x20～0x7e 之间），不包括空格	是可打印字符返回 1；否则返回 0
ispunct	int ispunct（ch） int ch	检查 ch 是否是标点字符，即除字母、数字和空格以外的所有可打印字符	是标点返回 1；否则返回 0

（续）

函数名	函数和形参类型	功能	返回值
isspace	int isspace（ch） int ch	检查ch是否是空格、跳格符（制表符）或换行符	是，返回1；否则返回0
issupper	int isalsupper（ch） int ch	检查ch是否是大写字母（A~Z）	是大写字母返回1；否则返回0
isxdigit	int isxdigit（ch） int ch	检查ch是否是一个十六进制数字（0~9，或A~F，a~f）	是，返回1；否则返回0
tolower	int tolower（ch） int ch	将ch字符转换为小写字母	返回ch对应的小写字母
toupper	int touupper（ch） int ch	将ch字符转换为大写字母	返回ch对应的大写字母

3. 字符串函数

使用字符串中函数时，应该在源文件中使用命令：

```
#include"string.h"
```

函数名	函数和形参类型	功能	返回值
memchr	void memchr（buf，chc，ount） void * buf；charch； unsigned int count；	在buf的前count个字符里搜索字符ch首次出现的位置	返回指向buf中ch第一次出现的位置指针；若没有找到ch，返回NULL
memcmp	int memcmp（buf1，buf2，count） void * buf1，* buf2； unsigned int count；	按字典顺序比较由buf1和buf2指向的数组的前count个字符	buf1 < buf2，为负数 buf1 = buf2，返回0 buf1 > buf2，为正数
memcpy	void * memcpy（to，from，count） void * to，* from； unsigned int count；	将from指向的数组中的前count个字符复制到to指向的数组中。From和to指向的数组不允许重叠	返回指向to的指针
memove	void * memove（to，from，count） void * to，* from； unsigned int count；	将from指向的数组中的前count个字符复制到to指向的数组中。From和to指向的数组不允许重叠	返回指向to的指针
memset	void * memset（buf，ch，count） void * buf；char ch； unsigned int count；	将字符ch复制到buf指向的数组的前count个字符中	返回buf
strcat	char * strcat（str1，str2） char * str1，* str2；	把字符str2接到str1后面，取消原来str1最后面的串结束符“0”	返回str1
strchr	char * strchr（str1，ch） char * str； int ch；	找出str指向的字符串中第一次出现字符ch的位置	返回指向该位置的指针；若找不到，则应返回NULL

（续）

函 数 名	函数和形参类型	功 能	返 回 值
strcmp	int * strcmp（str1，str2） char * str1，* str2；	比较字符串 str1 和 str2	str1 < str2，为负数 str1 = str2，返回 0 str1 > str2，为正数
strcpy	char * strcpy（str1，str2） char * str1，* str2；	把 str2 指向的字符串复制到 str1 中去	返回 str1
strlen	unsigned intstrlen（str） char * str；	统计字符串 str 中字符的个数（不包括终止符“0”）	返回字符个数
strncat	char * strncat（str1，str2，count） char * str1，* str2； unsigned int count；	把字符串 str2 指向的字符串中最多 count 个字符连到串 str1 后面，并以 null 结尾	返回 str1
strncmp	int strncmp（str1，str2，count） char * str1，* str2； unsigned int count；	比较字符串 str1 和 str2 中至多前 count 个字符	str1 < str2，为负数 str1 = str2，返回 0 str1 > str2，为正数
strncpy	char * strncpy（str1，str2，count） char * str1，* str2； unsigned int count；	把 str2 指向的字符串中最多前 count 个字符复制到串 str1 中去	返回 str1
strnset	void * setnset（buf，ch，count） char * buf；char ch； unsigned int count；	将字符 ch 复制到 buf 指向的数组的前 count 个字符中	返回 buf
strset	void * setnset（buf，ch） void * buf；char ch；	将 buf 所指向的字符串中的全部字符都变为字符 ch	返回 buf
strstr	char * strstr（str1，str2） char * str1，* str2；	寻找 str2 指向的字符串在 str1 指向的字符串中首次出现的位置	返回 str2 指向的字符串首次出现的地址；否则返回 NULL

4. 输入/输出函数

在使用输入/输出函数时，应该在源文件中使用命令：

```
#include"stdio.h"
```

函 数 名	函数和形参类型	功 能	返 回 值
clearerr	void clearer（fp） FILE * fp	清除文件指针错误指示器	无
close	int close（fp） int fp	关闭文件（非 ANSI 标准）	关闭成功返回 0；不成功返回 -1
creat	int creat（filename，mode） char * filename； int mode	以 mode 所指定的方式建立文件（非 ANSI 标准）	成功返回正数；否则返回 -1
eof	int eof（fp） int fp	判断 fp 所指的文件是否结束	文件结束返回 1；否则返回 0

（续）

函 数 名	函数和形参类型	功 能	返 回 值
fclose	int fclose（fp） FILE *fp	关闭 fp 所指的文件，释放文件缓冲区	关闭成功返回 0；不成功返回非 0
feof	int feof（fp） FILE *fp	检查文件是否结束	文件结束返回非 0；否则返回 0
ferror	int ferror（fp） FILE *fp	测试 fp 所指的文件是否有错误	无错返回 0； 否则返回非 0
fflush	int fflush（fp） FILE *fp	将 fp 所指的文件的全部控制信息和数据存盘	存盘正确返回 0； 否则返回非 0
fgets	char *fgets（buf，n，fp）char *buf；int n； FILE *fp	从 fp 所指的文件读取一个长度为（n-1）的字符串，存入起始地址为 buf 的空间	返回地址 buf；若遇文件结束或出错则返回 EOF
fgetc	int fgetc（fp） FILE *fp	从 fp 所指的文件中取得下一个字符	返回所得到的字符；出错返回 EOF
fopen	FILE * fopen（filename，mode） char *filename，*mode	以 mode 指定的方式打开名为 filename 的文件	成功则返回一个文件指针；否则返回 0
fprintf	int fprintf（fp，format，args，…） FILE *fp；char *format	把 args 的值以 format 指定的格式输出到 fp 所指的文件中	实际输出的字符数
fputc	int fputc（ch，fp） char ch；FILE *fp	将字符 ch 输出到 fp 所指的文件中	成功则返回该字符；出错返回 EOF
fputs	int fputs（str，fp） char str；FILE *fp	将 str 指定的字符串输出到 fp 所指的文件中	成功则返回 0；出错返回 EOF
fread	int fread（pt，size，n，fp） char *pt；unsigned size，n； FILE *fp	从 fp 所指定文件中读取长度为 size 的 n 个数据项，存到 pt 所指向的内存区	返回所读的数据项个数，若文件结束或出错返回 0
fscanf	int fscanf（fp，format，args，…） FILE *fp；char *format	从 fp 指定的文件中按给定的 format 格式将读入的数据送到 args 所指向的内存变量中（args 是指针）	已输入的数据个数
fseek	int fseek（fp，offset，base） FILE *fp；long offset；int base	将 fp 指定的文件的位置指针移到以 base 所指出的位置为基准、以 offset 为位移量的位置	返回当前位置；否则返回 -1
siell	FILE *fp； long ftell（fp）；	返回 fp 所指定的文件中的读写位置	返回文件中的读写位置；否则返回 0
fwrite	int fwrite（ptr，size，n，fp） char *ptr；unsigned size，n； FILE *fp	把 ptr 所指向的 n×size 个字节输出到 fp 所指向的文件中	写到 fp 文件中的数据项的个数
getc	int getc（fp） FILE *fp；	从 fp 所指向的文件中读出下一个字符	返回读出的字符；若文件出错或结束返回 EOF

（续）

函数名	函数和形参类型	功能	返回值
getchar	int getchat（）	从标准输入设备中读取下一个字符	返回字符；若文件出错或结束返回 -1
gets	char * gets（str） char * str	从标准输入设备中读取字符串存入 str 指向的数组	成功返回 str，否则返回 NULL
open	int open（filename，mode）char * filename； int mode	以 mode 指定的方式打开已存在的名为 filename 的文件（非 ANSI 标准）	返回文件号（正数）；若打开失败返回 -1
printf	int printf（format，args，…） char * format	在 format 指定的字符串的控制下，将输出列表 args 的值输出到标准设备	输出字符的个数；若出错返回负数
prtc	int prtc（ch，fp） int ch；FILE * fp；	把一个字符 ch 输出到 fp 所指的文件中	输出字符 ch；若出错返回 EOF
putchar	int putchar（ch） char ch；	把字符 ch 输出到标准输出设备	返回换行符；若失败返回 EOF
puts	int puts（str） char * str；	把 str 指向的字符串输出到标准输出设备；将“0”转换为回车行	返回换行符；若失败返回 EOF
putw	int putw（w，fp） int i； FILE * fp；	将一个整数 i（一个字）写到 fp 所指的文件中（非 ANSI 标准）	返回读出的字符；若文件出错或结束返回 EOF
read	int read（fd，buf，count）int fd；char * buf； unsigned int count；	从文件号 fd 所指定文件中读 count 个字节到由 buf 指示的缓冲区（非 ANSI 标准）	返回真正读出的字节个数。若文件结束返回 0；出错返回 -1
remove	int remove（fname） char * fname；	删除以 fname 为文件名的文件	成功返回 0；出错返回 -1
rename	int remove（oname，nname） char * oname，* nname；	把 oname 所指的文件名改为由 nname 所指的文件名	成功返回 0；出错返回 -1
rewind	void rewind（fp） FILE * fp；	将 fp 指定的文件指针置于文件头，并清除文件结束标志和错误标志	无
scanf	int scanf（format，args，…） char * format	从标准输入设备按 format 指示的格式字符串规定的格式，输入数据给 args 所指示的单元。args 为指针	读入并赋给 args 数据个数。若文件结束返回 EOF；若出错返回 0
write	int write（fd，buf，count）int fd；char * buf； unsigned count；	从 buf 指示的缓冲区输出 count 个字符到 fd 所指的文件中（非 ANSI 标准）	返回实际写入的字节数；若出错返回 -1

5. 动态存储分配函数

在使用动态存储分配函数时，应该在源文件中使用命令：

```
#include"stdlib.h"
```

函　数　名	函数和形参类型	功　　能	返　回　值
callloc	void *calloc（n，size） unsigned n; unsigned size;	分配 n 个数据项的内存连续空间，每个数据项的大小为 size	分配内存单元的起始地址；若不成功返回 0
free	void free（p） void *p;	释放 p 所指内存区	无
malloc	void *malloc（size） unsigned SIZE;	分配 size 字节的内存区	所分配的内存区地址；若内存不够返回 0
realloc	void *reallod（p，size） void *p; unsigned size;	将 p 所指的已分配的内存区的大小改为 size。size 可以比原来分配的空间大或小	返回指向该内存区的指针；若重新分配失败返回 NULL

6. 其他函数

“其他函数”是 C 语言的标准库函数，由于不便归入某一类，所以单独列出。使用这些函数时，应该在源文件中使用命令：

```
#include"stdlib.h"
```

函　数　名	函数和形参类型	功　　能	返　回　值
abs	int abs（num） int num	计算整数 num 的绝对值	返回计算结果
atof	double atof（str） char *str	将 str 指向的字符串转换为一个 double 型的值	返回双精度计算结果
atoi	int atoi（str） char *str	将 str 指向的字符串转换为一个 int 型的值	返回转换结果
atol	long atol（str） char *str	将 str 指向的字符串转换为一个 long 型的值	返回转换结果
exit	void exit（status） int status;	中止程序运行。将 status 的值返回调用的过程	无
itoa	char *itoa（n，str，radix） int n，radix; char *str	将整数 n 的值按照 radix 进制转换为等价的字符串，并将结果存入 str 指向的字符串中	返回一个指向 str 的指针
labs	long labs（num） long num	计算长整数 num 的绝对值	返回计算结果
ltoa	char *ltoa（n，str，radix） long int n; int radix; char *str;	将长整数 n 的值按照 radix 进制转换为等价的字符串，并将结果存入 str 指向的字符串	返回一个指向 str 的指针
rand	int rand（）	产生 0 ~ RAND_ MAX 之间的伪随机数。RAND_ MAX 在头文件中定义	返回一个伪随机（整）数
random	int random（num） int num;	产生 0 ~ num 之间的随机数	返回一个随机（整）数
randomize	void randomize（）	初始化随机函数，使用时包括头文件 time. h	
system	int system（str） char *str;	将 str 指向的字符串作为命令传递给 DOS 的命令处理器	返回所执行命令的退出状态

参考文献

[1] 谭浩强，张基温．C 语言程序设计教程［M］.3 版．北京：清华大学出版社，2010.
[2] 高福成．C 语言程序设计［M］.2 版．北京：清华大学出版社，2009.
[3] 苏小红，孙志岗，陈惠鹏．C 语言大学实用教程［M］.3 版．北京：电子工业出版社，2012．
[4] 谭浩强．C 语言程序设计教程［M］.4 版．北京：清华大学出版社，2010.
[5] 杨路明．C 语言程序设计［M］.2 版．北京：北京邮电大学出版社，2007.
[6] 何钦铭，颜晖．C 语言程序设计［M］.2 版．北京：清华大学出版社，2012.
[7] 雷于生，胡成松．C 语言程序设计［M］．北京：高等教育出版社，2009.